农业机械实用手册

Practical handbook for agricultural machinery

湖北省农业机械化技术推广总站
中国农业机械学会　　　　　　组编
农业机械杂志社

中国農業大學出版社
·北京·

内容简介

本书围绕农业生产全程机械化为主题，以全面提高农机队伍整体素质为宗旨，选取在“十三五”规划期间各类农机产品实用情况，并以国内外主流农机制造企业产品为主，其他企业为辅，全面介绍主要产品的分类、国内和国际先进技术，以及适用南方地区特别是湖北省为代表的先进农业机械产品，在使用前、后的注意事项等内容。

图书在版编目（CIP）数据

农业机械实用手册 / 湖北省农业机械化技术推广总站，中国农业机械学会，农业机械杂志社组编 .—北京：中国农业大学出版社，2018.12（2020.6 重印）

ISBN 978-7-5655-2154-6

Ⅰ . ①农… Ⅱ . ①湖… ②中… ③农… Ⅲ . ①农业机械—手册 Ⅳ . ① S22-62

中国版本图书馆 CIP 数据核字（2018）第 272628 号

书名 农业机械实用手册

作者 湖北省农业机械化技术推广总站
中国农业机械学会 组编
农业机械杂志社

策划编辑 张秀环 **责任编辑** 张秀环

封面设计 郑 川

出版发行 中国农业大学出版社

社 址 北京市海淀区圆明园西路 2 号 **邮政编码** 100193

电 话 发行部 010-62731190，2620 读者俱乐部 010-62732336
编辑部 010-62732617，2618 出 版 部 010-62733440

网 址 http://www.cau.edu.cn/caup **E-mail** cbsszs@cau.edu.cn

经 销 新华书店

印 刷 永清县晔盛亚胶印有限公司

版 次 2018 年 12 月第 1 版 2020 年 6 月第 3 次印刷

规 格 880×1230 24 开本 4.5 印张 120 千字

定 价 38.00 元

委员会

编写人员（以姓氏笔画为序）

王林松　卢灿炯　冉小琴　付　明　朱文婷
苏仁忠　李思勰　余　亚　沈秀清　罗修易
周　喆　周立明　周雄峰　赵　弢　段运红
黄昌先　韩　峰　曾　鸣

序

在实施乡村振兴战略、加快推进农业与农村现代化新征程的今天，服务于提高土地产出率、资源利用率和劳动生产率的农业机械装备现代化的重大意义有多少人真正理解得好呢？这是个问题，也不是个问题。就比如，信息时代，我们每天都离不开手机，大多数人并不懂手机，但都会用，主要是因为手机功能强大而且好学易懂。湖北省农业机械化技术推广总站联合中国农业机械学会和农业机械杂志社出版这本《农业机械实用手册》，力求做到图文并茂，通俗易懂，好看又好用。

多样化的农业生产需要多样化的机械，农业机械有多少？可能你知道拖拉机，但你知道有拉力赛专用拖拉机吗？你知道兰博基尼跑车，但你知道有兰博基尼拖拉机吗？全球有 7 000 多种农机，中国有 4 000 多种，我想能认全的人并不多。那么有了这个手册，我们常用的、先进的农机都可以在这里找到答案。

现代农业进入了许多“新农人”，什么样的农机做什么用？可能我们知道一些，但农机的发展进步日新月异，农机生产者，你可能知道国内的，但不一定知道国际的，更何况有不断涌入的新入行者；农机管理者，你可能知道南方的机械，但不一定知道北方的机械，而且有许多新任职者；农机使用者，你可能知道传统的农机，但不一定知道现代的农机，并且还有许多转行的新机手。这个手册告诉你，什么机械是什么结构，有什么功能，全书图片配文字，好看又好学。

新型经营主体是现代农业的主力军，新型职业农民必须知道怎样使用各种农机，什么样的农活用什么样的农机。深耕还是深翻，秸秆还田还是离田，施液肥还是固肥，打药剂还是打粉剂，还有精量播种、无人驾驶等作业，用的农机是不一样的。这个手册都能为你提供可用可选的机型，并告诉你怎么用，怎么维护，以及利用的效率和效果。

如果能够通过这个手册，帮助从事农机行业的读者解决有什么机械，什么机械做什么，什么机械怎么用这三个实际问题，做到“一看就懂，一学就会，即学即用”，就达到了本书编写的目的。为此，本书不拘泥于我国现有的农业机械分类标准，将现在世界上大部分常用的农业机械种类都收录了进来，并对名称、工作原理、技术要点和代表产品等都做了介绍。这本手册，不但适合农机管理部门、农机技术人员，还适合农机高校的学生、研究人员以及终端的农机手，对农机企业的管理者、行业人士等，也具有重要的参考价值。

如果说农机是传统制造业的代名词，那是过去时；一批批新型农业机械是现代先进制造业的重要产品，这是现在时、将来时。君不见，一条汽车生产线年产量就是几十万台，而一条农机生产线年产量一般只有几万台，一定意义上说明农机生产的复杂性，特殊用途的农机也价值几百万元。随着科技进步和生产需求，新型农业机械也将越来越多，其应用和用户将越来越广泛。因此，希望越来越多的专家和团队加入农业机械科普创作中来，不断完善这类手册和科普丛书，并创作更多更好的农机科普作品，服务于乡村振兴这个伟大的时代。

中国南方丘陵地区的农机化，一直以来是发展的短板，为了提高南方地区的农机化水平，湖北省农业机械化技术推广总站协同中国农业机械学会普及工作委员会、农业机械杂志社共同编撰了《农业机械实用手册》。通过征选适合南方地区使用的农业机械和国际领先的农机装备，旨在全面提高农机管理人员的专业水平，提高使用者的实用技能，是一本农机科普性较强的好著作。

中国工程院院士

中国农业机械学会名誉理事长

中国农业工程学会荣誉理事长

汪懋华

2018 年 10 月

目录 Contents

第五部分　收获机械

1 第一部分 农业动力机械

The first part: Agricultural power machinery

一、轮式拖拉机

1. 轮式方向盘转向拖拉机

重型拖拉机

轮式拖拉机通常为两轴四轮，由后轮驱动或者前后轮驱动。在大功率拖拉机中，为了提高附着力，有的采用了并列后轮。

我国轮式拖拉机从 1950 年机械厂仿制 29.4 kW 轮式拖拉机开始发展，初代机型为天津拖拉机厂仿制的铁牛系列。

轮式方向盘拖拉机

铁牛 55 作业

随着时间的推移，我国轮式拖拉机无论在产品结构、技术性能、系列扩展等方面，都有很大提升，无级变速、无人驾驶、动力换挡等高端配置逐渐应用在国产拖拉机上，智能化和大型化发展趋势明显。

其中，中国一拖集团有限公司研发制造的东方红—LW4004 重型拖拉机成为我国首台自主研制的 294 kW（400 hp）无级变速拖拉机，它的出现结束了我国 257 kW（350 hp）以上重型拖拉机必须进口的历史。

该拖拉机突破了无级变速传动系统、智能化控制管理系统等重型拖拉机关键核心技术，填补了多项国内技术空白，能从事深耕、深松、联合整地等重负荷农田作业，满足精准农业、精细农业需求，促进行业技术进步。此外，雷沃阿波斯 P5000 系列自动驾驶动力换挡拖拉机，在集成了意大利先进的技术基础上，与国内农业生产相结合，成为集卫星导航、电控液压自动转向、作业机具自动升降、油门开度自动调节和紧急遥控熄火于一体的多功能智能化拖拉机。

典型的轮式方向盘转向拖拉机

悬挂部分

农用高压共轨发动机

轮式转向方向盘拖拉机是最为常见的拖拉机，基本构成比较典型，主要由发动机、底盘、液压悬挂系统和电气设备 4 部分组成。

我国拖拉机的发动机都是柴油发动机。目前我国非道路移动机械实施第三阶段排放标准，发动机由以往的机械式向电控式发展，出现了高压共轨、增压中冷、尾气再处理等技术。排放标准升级进一步地推动了拖拉机向电气化和智能化方向发展。

拖拉机底盘包括传动系、转向系、制动系和行走机构等。目前，拖拉机传动正在向静液压驱动、动力换挡、无级变速等方向发展，拖拉机行走也开始依靠卫星导航等辅助驾驶工具，拖拉机机手操作越来越方便和舒适。

液压悬挂系统是拖拉机与作业机具的连接枢纽；电气设备则越来越成为拖拉机的核心装置。

轮式折腰转向拖拉机

2. 轮式折腰转向拖拉机

轮式折腰转向拖拉机主要是指将前车架和后车架，通过铰销进行连接，利用机械或液压转向油缸使两个车架发生偏转，达到车体转向的作用。

帕维奇轮式折腰转向山地拖拉机

手扶拖拉机 1

手扶拖拉机 2

轮式折腰转向拖拉机功率段主要集中在大功率段和小功率段。

大功率段机型主要在欧美等规模化农业生产中使用，发展已经比较成熟，最大功率超过 400 kW（544 hp），主要为解决大型拖拉机田间工作转弯困难的问题。

约翰迪尔 9R 系列拖拉机即为典型的大功率轮式折腰转向拖拉机，功率范围在 272 ~ 456 kW（370 ~ 620 hp），分别采用约翰迪尔 9 L 发动机、13.5 L 发动机和康明斯 QSX 15 L 发动机，变速箱采用 18 挡动力换挡约翰迪尔自产发动机。

小功率段轮式折腰转向拖拉机主要针对山区丘陵地区的灵活作业需求而产生，在我国重庆、广西等山地较多的地区有一定程度的应用。

2017 年，宗申巴贝锐通过他的合资公司获得了产自意大利的帕维奇轮式折腰山地拖拉机的生产和销售许可，是我国正式引入的首款中小型轮式折腰山地拖拉机。

此外，我国一些企业也自主研发了该种折腰拖拉机，功率更小，主要集中在 12.0 ~ 14.7 kW。这种机型配合四轮驱动，整车具有动力强劲、越野性能好、机动灵活等特点。

手扶拖拉机属小型拖拉机，多采用单缸小型柴油机，其功率多在 8.82 kW 以下。

1956 年，我国从日本引进了第一批手扶拖拉机，在各地适应性试验的基础上，试制出多种不同型号的手扶拖拉机。武汉拖拉机生产了我国第一台手扶拖拉机之后，手扶拖拉机在我国迎来了不同阶段的发展。

近年来，随着大棚、园艺及花卉种植的大发展，为适应手扶拖拉机进大棚、进果园、进花圃的需要，动力在 7~8 kW 的小型机得到了较大发展。

履带拖拉机

二、履带式拖拉机

1. 全履带式拖拉机

全履带式拖拉机是指装有履带行走装置的拖拉机。履带可由钢板或橡胶等不同材质制成。

全履带拖拉机的最大特点是接地面积大，附着性能好，不易打滑，牵引力能够最大化发挥，而且可以有效地减轻土壤压实，促进农业可持续发展。

未来履带拖拉机的技术发展将向着功率大型化、履带橡胶化以及用途多功能化的方向发展，由于履带拖拉机的生产能力不断增加，产品价格将更加合理，将在未来的农业生产市场上占据重要地位。

2. 半履带式拖拉机

半履带式拖拉机是指以履带为驱动装置，前轮转向的拖拉机。半履带式拖拉机同时拥有轮式和履带式拖拉机的优点。

3. 履带折腰转向拖拉机

橡胶履带折腰转向拖拉机是指在折腰转向拖拉机的基础上采用橡胶履带行走方式的拖拉机，其抓地力更高，转向更加灵活。

4. 轻型履带拖拉机

履带拖拉机（简称履拖）接地比压低，轮式拖

半履带拖拉机

履带折腰转向拖拉机 1

履带折腰转向拖拉机 2

轻型履带拖拉机

拉机（简称轮拖）接地比压是履拖的 3 倍，耕地被轮拖压实后出苗率仅为 30%~40%，而履拖压实后出苗率仍能达到 80%~90%；水田的轮拖轮辙更是影响插秧和收割，甚至造成泥脚不断加深而无法耕种。

相同质量的履拖的牵引力是轮拖的 1.4~1.8 倍。履带拖拉机由于重心低、附着系数大，具有良好的抵抗翻倾和下滑的坡地稳定性，同时还具有转弯半径小的机动性、爬坡能力强的越野性等特点，最大的缺点就是行驶速度慢。

对于山区和丘陵地带的农田、梯田作业比轮拖有更好的适应性，尤其是配装橡胶履带后，属于全地形的作业机械。

三、其他类型拖拉机

1. 山地拖拉机

山地拖拉机是指可以在坡地较大的丘陵山区作业的拖拉机，这种产品质量轻、重心低，可在斜坡地（30°）上挂接各类农机具进行作业。此外，这种拖拉机也被不少山区用户用作小型运输工具，在底盘架上装上货厢，运送肥料和农产品。

市场上销售的这类拖拉机一般为四驱型，绝大部分均装有前置和后置悬挂机构和动力输出轴，大多采用静液压传动系统。驾驶座椅前、后、左、右的倾斜度，可根据需要进行调整。

瑞士 Aebi 公司是专业生产山地机械的企业，其生产的 Terratrac 系列山地拖拉机，共有 7 种机型，功率涵盖 36.4 ~ 74 kW，分别采用机械式变速箱和静液压式变速箱。

奥地利的 Reform 公司生产的 Mounty 系列山地拖拉机，主要包含 3 种机型，功率涵盖 50 ~ 70 kW。其中 Mounty 100 型采用静液压传动机构、多功能操纵手柄，静液压机构有 3 个行驶速度挡，不论在田间作业还是道路运输都可发挥最佳功率利用率。

Aebi 公司的 Terratrac 系列山地拖拉机

我国在 2016 年启动了“丘陵山地拖拉机关键技术研究与整机开发”项目，隶属于 2016 年科技部国家重点研发计划“智能农机装备”中的重点专项。并于 2018 年研制成功 18 kW（25 hp）和 26 kW（35 hp）的第一代样机。

Reform 公司的 Mounty 系列山地拖拉机

我国第一代智能山地拖拉机样机（18 kW）

PS 组拖拉机

小型改装拖拉机

2. 拉力赛专用拖拉机

拖拉机拉力赛起源于 19 世纪初的美国，目前在美国、加拿大、欧洲（尤其是荷兰、比利时、丹麦和德国）、澳大利亚、巴西、新西兰等国十分受欢迎。由于改装拖拉机采用多个发动机，最高功率达到 7 350 kW（1 万 hp）以上，因此已经成为世界上最强劲的动力比赛。

该比赛是由改装拖拉机在 10.7 m（35 英尺）宽、100.6 m（330 英尺）长的赛道上牵引重型雪橇，在比赛过程中，重型雪橇配重将逐渐向前移动，摩擦力越来越大，牵引距离最长的选手将获胜。

19 世纪 60 年代，7 个州的拉力赛小组组成美国国家拖拉机拉力赛联盟（NTPA），规范了比赛规则，迎来发展的全盛时期，并传播至世界各地。

目前，拉力赛分为不同组别，每个组别对改装拖拉机要求不同。

SS 公开组（Super Stock Open Class）主要采用甲醇做燃料，也有少部分采用柴油做燃料。该组拖拉机功率高达 4 410 kW（6 000 hp）、扭矩 1 424 N·m（4 000 ftlbs），采用方形和重型发动机。

柴油 PS 拖拉机组（Diesel Pro Stock Tractor Class）要求仅使用 1 台涡轮增压器，柴油为唯一允许动力源，最大发动机排量为 11 L（680 立方英寸），扭矩可以达到 7 458 N · m（5 500ftlbs）。

限制 PS 组（Limited Pro Stock Class）将发动机排量限制在 10 L（640 立方英寸），拉力主要集中在 41.3 ~ 42.19 kN。

轻型 PS 组（Light Pro Stock Class）主要是指拉力限制在 36.87 ~ 38.2 kN 的组别。该组别拖拉机排量限制在 9 L（540 立方英寸），涡轮增压器尺寸没有限制，不得装配中冷器。该组别拖拉机平均功率在 1 838 ~ 2 058 kW（2 500 ~ 2 800 hp）。由于自重较轻，该组别对赛车手驾驶技巧要求较高。

小型改装组（Mini-modified Class）是高度定制化的拖拉机组别，采用自然吸气式发动机。该组别以最疯狂的拉力著称，因为该组拖拉机拥有最高的功率质量比。加上赛车手，全车质量只有 929 kg（2 050 lbs）。采用甲醇或乙醇，功率可达 1 838 kW（2 500 hp）。

四、常用动力机械日常保养注意事项

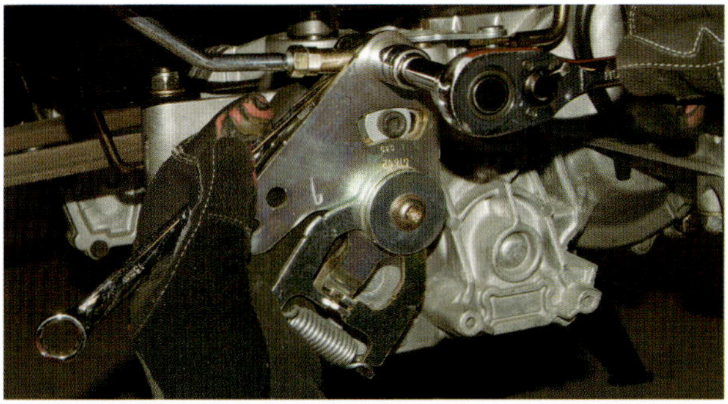

（1）不要将螺钉和螺栓旋得太紧。要使用扭力扳手按照拖拉机汽缸盖、连杆、传动箱、轮毂、前桥等处的螺钉、螺栓规定的拧紧力矩对称均匀旋紧，如果用力太大会造成螺纹滑丝、拔扣或螺栓、螺钉折断。

（2）更换润滑油前要清洗油道。更换润滑油必须清洗油道，否则油道内残留的杂质会混入润滑油中，容易引起烧瓦、抱轴等事故的发生。

（3）活塞需要加热安装时，要用热水加热，不要用明火加热。如果用明火加热容易引起活塞变形，还会使金属组织遭到破坏，降低活塞的耐磨性，缩短活塞的使用期限。

（4）汽缸垫不要涂黄油安装。如果汽缸垫涂黄油，当黄油遇高温后会有一部分流失，使缸垫、缸盖与机体平面之间产生缝隙，高温高压燃气极易从此处冲击烧坏缸垫，造成漏气。

（5）不要将油门放在最大供油位置启动发动机。如果油门放在最大供油位置启动发动机，将使喷入汽缸里的燃油过多，混合气过浓，不容易启动，要用中小油门启动。

（6）不要用机油替代刹车油、齿轮油等。机油、刹车油和齿轮油的成分和性质不同。刹车油溶解性好且不易沉淀、无腐蚀，若用机油替代，则易产生沉淀，并使制动系统橡胶件产生膨胀，容易造成制动失灵。若用机油代替齿轮油，由于机油比齿轮油黏度低，对齿轮啮合处产生不了很好的保护膜，造成传动齿轮加快磨损，发生打齿等故障。

2 第二部分

耕整地机械

The second part: Tillage machinery

一、旋耕机

以旋转刀齿为工作部件的驱动型土壤耕作机械，又称旋转耕耘机。中国是 1957 年引进日本耕耘机，次年开始生产手扶拖拉机配套的旋耕机。旋耕机主要由机架、传动系统、旋转刀轴、旋耕刀、耕深调节装置和罩壳等组成。当下旋耕机向宽幅、深耕、变速、多功能、复式作业方向发展是近年来的发展趋势。

正确使用和调整旋耕机，对保持其良好技术状态，确保耕作质量是很重要的。具有打破犁底层、恢复土壤耕层结构、提高土壤蓄水保墒能力、消灭部分杂草、减少病虫害、平整地表以及提高农业机械化作业标准等作用。

1. 单、双轴旋耕机

按其工作部件数量分为单轴旋耕机和双轴旋耕机。

单轴旋耕机

双轴旋耕机

2. 履带自走式旋耕机

履带自走式旋耕机采用履带式行走机构，拖拉机驱动原理，采用独立三点悬挂，既是原始创造，又有多种耕作机械的功能集成，综合了各类机型的优点，既轻巧，而且履带接地面积大，弥补了轮式拖拉机水田通过性能的不足，配以柴油机为动力，换装不同的机具或刀片，即可进行旋耕作业，又可进行宽幅起垄作业。具有结构简单、功能广、效率高、操作方便、水田通过性能好等特点。适用于国内外水田耕作、也可旱地以及大棚、蔗地作业。

履带自走式旋耕机

二、深松机

深松机是一种与大功率拖拉机配套使用的耕作机械，主要用于行间或全方位的深层土壤耕作的机械化翻整。具有打破犁底层、恢复土壤耕层结构、提高土壤蓄水保墒能力、消灭部分杂草、减少病虫害、平整地表以及提高农业机械化作业标准等作用。

不同深松机具因结构特点不易，作业性能也有一定差异，适用土壤及耕地类型 也有一定的变化。

正确调整和使用深松机是获得高质量作业的前提。深松机的使用调整包括纵向调整、横向调整、深度调整和作业幅宽调整。

1. 杆齿深松机

杆齿深松机

2. 浅翻深松机

适合我国旱作地区的麦茬、豆茬等原茬地和草场改良的浅翻深松作业，是土壤保护性耕作的理想配套机具。该机一次作业即可完成土壤的浅层翻转和深层松动。

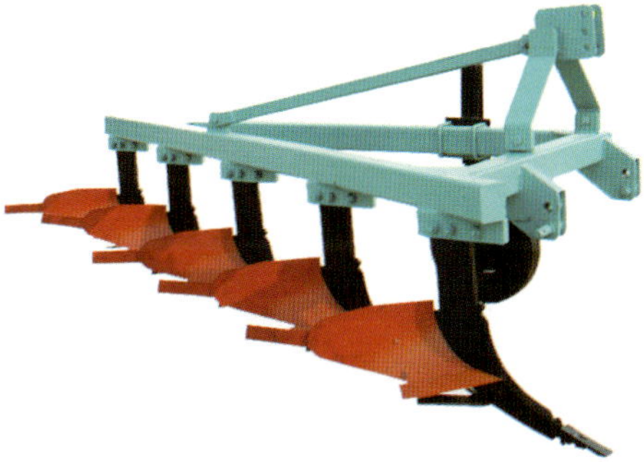

浅翻深松机

三、开沟机

开沟机是一种高效实用的新型开沟装置。柴油机经过胶带将转动传递到离合器后，驱动行走变速箱、传动轴、后桥等来实现链条式开沟机的向前或向后的直线运动。用于铺设农田管道、城乡光电缆等。

圆盘式开沟机是旋转式开沟机的一种，部件为带有弯刀的圆盘，通过传动轴带动旋转开沟，目前沟内的开沟机主要选用的是圆盘式开沟机。圆盘式开沟机

前置圆盘开沟机

分为前置式和后置式两种类型。前置圆盘型开沟机主要是与小功率拖拉机配套，该型开沟机动力传动方面带有快速离合装置，同时拥有双滑撬、开沟深度调节装置，使作业更高效、更方便。后置式圆盘开沟机包括单圆盘开沟机和双圆盘开沟机，单圆盘开沟机结构简单、合理、可靠；双圆盘作业质量好，尤其是铣抛土性能好。

后置圆盘开沟机

四、船式耕整机

1. 机耕船

船式拖拉机又名机耕船，是装有船体，适合在水田中牵引农机具进行作业的拖拉机。属于我国独创的为解决深泥脚田作业的水田动力机械，于 20 世纪 50 年代末开始研制，70 年代初正式用于生产。利用机船结合方式使得机组滑浮在有自由水的土壤表层、驱动轮提供驱动力，实现了在湖田、冬水田或沼泽地等深泥脚田的顺利作业。机耕船解决了轮式、履带式拖拉机难以在深泥脚水田作业的难题。它适用于平原、湖区、丘陵、山区等各种不同类型的水田和沿海地区的滩涂田机耕作业，结构简单、耗能少。机耕船的结构特点是：驾驶座、内燃机、变速箱、支架装在船体上。导向轮和旋耕耙分别装在船体的前端和后端上。在船体的支架加上可装脱粒机或装水泵或装收割机。该多用机耕船具有结构简单，操作、移动方便，成本低，可在各种水田和烂泥田里进行收割、脱粒、耕整、抽水等作业的特点。该多用机耕船特别适合广大农户在各种水田和烂泥田里进行收割、脱粒、耕整、抽水等作业时使用。其特征在于该多用机耕船由导向轮、方向杆支架、方向杆、方向盘、驾驶座、内燃机、变速箱、旋耕耙、船体、支架组成，其中驾驶座、内燃机、变速箱、支架装在船体上，导向轮装在船体的前端，旋耕耙装在船体的后端。机耕船船体有木结构和钢板结构两种。机器的大部分质量由船体承受，以降低下陷深度，减小滚动阻力，改善转向性能。在田间工作时的行走装置多为铁轮，直径 800 mm 左右，轮刺高达 200 mm，在机体下陷小的情况下能产生足够的附

机耕船 1

着力。在陆地行驶时，两个铁轮换装成气胎轮，并加装气胎前导轮或实心橡胶轮，有的采用分置的双前轮结构。为了适应不同的土壤条件以取得最合理的驱动轮入土深度，船体和驱动轮之间垂直方向的相对位置可以调节，一般采用机械式调节机构或更换不同直径的驱动轮。传动系统一般采用胶带传动和齿轮传动相结合，有的还采用一级链传动。挡数为 6+2 或 3+1。用 3+1 挡的，还可通过调换皮带轮直径大小获得较高的陆地行驶速度。为了改善行驶的直线性和转向平稳，有些机型用摩擦式转向离合器以代替牙嵌式转向离合器。悬挂装置多采用手动杠杆式提升机构或简单液压提升器。有些机耕船是手扶拖拉机的变型，因此同手扶拖拉机零部件的通用程度高，在水田作业时驾驶员可乘坐操作，船体能遮挡泥水飞溅，具备较好的工作条件。机耕船由于在水田作业，滚动阻力较旱田大，同时滑转率也较大（在浅泥脚水田为 16% ~ 19%，在深泥脚水田为 23% ~ 27%），因此牵引效率很低，大致在浅泥脚水田为 45%，在深泥脚水田为 37%，由于水田拖拉机采用具有叶片的铁轮（叶轮），能获得较大的附着力，因此船式拖拉机的发动机功率能得到充分发挥，而不受限于附着力。机耕船是用船体作支承的，它浮于水田土壤表层，利用驱动轮叶片插入烂泥中或深入到硬底层中，产生驱动力推动船体向前滑行。因此在设计时，必须使“浮”与“沉”很好结合。

“浮”是为了减少下陷，减少滚动阻力，“沉”是为了使轮子叶片沉陷到具有较强抗剪能力的土壤中获得必要的驱动力。

随着先进的机电技术在机耕船上的应用，机耕船也在向功能多样化、功率大型化等方向发展。如多家企业开发了 37 kW（50 hp）以上的多功能船式拖拉机并投入了生产应用。其特点是动力为 37 ~ 51 kW（50 ~ 70 hp）柴油机，采用带同步器的变速箱，多个作业行驶挡位和动力输出挡位，四轮驱动，机体液压升降及液压助力前轮偏转转向，可挂接旋耕、施肥等多种农机具。旱地和道路行驶采用高花橡胶轮胎，水田作业采用钢制叶轮。具有通过性能好，动力强劲，作业效率高，操作舒适等优点，在水田作业，特别是深泥脚水田作业方面具有其他拖拉机无可比拟的优势。

机耕船 2

综上所述，机耕船具有以下性能特点：①工作性能好，适合湖田和水田作业。机耕船采用船体支承，在泥脚深达 300 ~ 500 mm，比压 0.05 ~ 0.1 kg/cm^2 的湖田作业不沉陷，不打滑。同时，机耕船驱动轮的入土深度被控制在一定范围内，在一般水田作业不会破坏硬底层。在这两方面，机耕船都较好地克服了现有拖拉机存在的缺陷。②运行平稳，转向灵活。

机耕船底部承压面受力均匀，重心低，工作时不栽头，运行平稳，过沟、越埂性能良好，田间转移方便。机耕船转弯半径小，能原地转向，耕作时不受田块大小的限制，甚至在二、三分小块田里亦能进行穿梭式作业，充分显示其机动灵活性。③生产率高。机耕船采用船体轮式结构，在湖田和水田作业时附着力大，滚动阻力小，可获较高的牵引效率。④制造容易，维修方便。机耕船作为目前经常用到的一种农用水田耕整机械，常用于南方水田里，用于深泥脚田里耕地，现有的机耕船在使用过程中，由于其电动机的运行，会产生大量的热，导致机耕船在使用一段时间后，驾驶舱的驾驶环境会随着时间的推移而温度身高，造成驾驶员的不适，因此，在使用过程中需要特别加以注意。

2. 机滚船

机滚船是一种小功率、单座驾驶和双蒲滚驱动的自走式小型船式耕整地机具。具有小巧灵活、质量轻、结构简单、操纵方便、效率高和维修容易等优点，在南方水稻种植区得到广泛使用。

机滚船一般工作 1 000 h 左右，必须进行全面的技术检修，即将机滚船拆卸成部件，进行全面的清洗、检查、鉴定、修理和更换已损坏的零部件，然后，再按技术要求重新组装和调整。

根据 NY/T 1126—2006 机滚船的安全要求为：机滚船最高行驶速度应≤ 10 km/h；所有运动件都应视为危险件，特别是可能发生挤压或剪切危险的部位以及旋转工作部件、外露危险件等应有可靠的防护装置，防护装置应不妨碍操作和保养；防护装置应有足够的强度，并应固定牢固，无尖角和锐棱。

机滚船既应做好班保养，也要做好季度保养。班保养需要做到每班工作后清除机滚船外部的灰尘、油污和泥土等杂物，检查外部各零部件连接处的紧固情况，检查有无漏水和漏油现象。

检查发动机曲轴箱、传动齿轮箱润滑油油面的高低，按要求检查各润滑部分的润滑情况，并根据实际需要添加润滑油（脂）。

检查蒲滚叶片有无变形、磨损和各焊接部位是否有裂纹，三角传动胶带的松紧是否合适，必要时应加以调整。

发现机滚船故障时，应及时停车加以排除。

机滚船在完成一个季度的作业后，应进行季度保养，以保证下一个季度农田作业的顺利进行。发动机应按照柴油机使用说明书的要求进行保养。机滚船进行简单拆卸后并清洗干净，晒干后将所有零部件涂抹润滑油（脂），以防锈蚀。然后，将各部件存放在通风良好的干燥处，并注意防止重压变形、受潮和接触腐蚀物质。

机滚船

五、其他

1. 微耕机

微耕机以小型柴油机或汽油机为动力，具有质量轻、体积小，结构简单等特点。微耕机广泛适用于平原、山区、丘陵的旱地、水田、果园等。配上相应机具可进行抽水、发电、喷药、喷淋等作业。

微耕机

2. 田园管理机

田园管理机也称为万能管理机，是专门为果园、菜地、温室大棚、丘陵坡地和小块地（水、旱田）作业而设计的农机产品。

广泛适用于平原、山区、丘陵的旱地、水田、果园、菜地、烟地的深旋耕、浅旋耕、犁耕。配上相应机具可进行抽水、发电、喷药、喷淋、收割、起垄、铺膜、打孔、碎草、根茎收获、覆土、培土、开深沟、施底肥、除草碎土、偏培土、埋葡萄藤等作业，是大中型农机无法媲美的多功能田园管理机。

国外小型田园管理机械发展较早，目前主要以日本、韩国、意大利、法国和美国等国家的产品为代表，配套动力为 1.47 ~ 5.88 kW 汽油机或柴油机，普遍采用 2.2 ~ 5.1 kW 动力。欧洲国家的产品以园艺作业为主，主要功能有旋耕、剪草、清雪、粉碎、短距离运输等，而亚洲国家和地区的产品则以农业作业为主，如日本、韩国和中国台湾的产品。日本机型兼顾水、旱地两用，可进行翻地、旋耕、起垄、铺膜、开沟、播种及水田平整等；韩国和中国台湾机型则以旱地（果园、菜地、温室大棚及其他小块地）作业为主，韩国机型的显著特点体现在多功能方面，其典型代表机型为亚细亚多功能管理机。

田园管理机

3. 联合整地机

联合整地机是与大中型拖拉机配套的复式作业机械，一次可完成灭茬、旋耕、深松、起垄、镇压等多项作业，具有作业效率高的特点。联合整地机是一种多功能整地机，由机架、牵引架、中间横梁、变速箱、传动箱、深松铲总成、灭茬部件和旋耕部件组成。

联合整体机

4. 起垄机

起垄机主要适用于薯类、豆类、蔬菜类的田间耕后起垄作业，起垄机具有垄距、垄高、起垄行数、角度调整方便，配套范围广、适应能力强等特点。

起垄机

5. 灭茬机

灭茬机是专门除去收割后遗留在地里的作物根茬，一般较为常用的是旋耕灭茬机，它是专用于配后动力输出拖拉机的一种集旋耕和灭茬为一体的机械，拥有两种作业速度，通过高低挡变换速度，对农田进行作业，最终传动刀轴可安装旋耕刀轴，也可安装灭茬刀盘，实现旋耕作业或灭茬作业。

灭茬机

6. 犁

耕地整地工具用于耕翻土地，破碎土垡，平整田地等作业。经历了从耒耜到畜力犁的发展过程。

铧式犁的主要工作部件是犁体，此外还有犁刀、覆茬器和安全器。犁体由犁铧、犁壁、犁侧板、犁托及犁柱等构成。耕作时犁体在垂直和水平方向切开土壤，并进行翻垡碎土。

（1）普通铧式犁

铧式犁是一种耕地的农具，全悬挂式铧式犁，由在一根横梁端部的厚重的刃构成，通常系在一组牵引机动车上，也有用人力来驱动的，用来破碎土块并耕出槽沟从而为播种做好准备。具有打破犁底层、恢复土壤耕层结构、提高土壤蓄水保墒能力、消灭部分杂草、减少病虫害、平整地表以及提高农业机械化作业标准等作用。我国铧式犁的生产始于 1950 年仿制的双轮双铧犁。

普通铧式犁

（2）垂直翻转犁

液压翻转犁，又称液压反转双向犁（hydraulic reversible ploughs）。包括悬挂架、翻转油缸、止回机构、地轮机构、犁架和犁体，通过油缸中活塞杆的伸缩带动犁架上的正反向犁体作垂直翻转运动，交替更换到工作位置，主要应用于农业上的开土、碎土。

垂直翻转犁

（3）水平翻转犁

使用水平翻转犁土壤扰动小、耕层不乱，没有开闭垄；通过水平左右摆动换向（双向），以自动实现最平整的耕地。

（4）折叠翻转犁

折叠翻转犁悬挂架可以进行折叠，在提高作业效率的同时方便运输。

犁的维护：

①定期清除黏附在犁曲面、犁刀及限深轮上的积泥和缠草。在耕翻绿肥田及秸秆还田的田块时，更要经常清理。②每班工作结束后，应检查所有螺栓的紧固情况。松动的螺母必须拧紧。③对犁刀、限深轮及调节螺杆等需要润滑处每天注润滑脂 1 ~ 2 次。④定期检查犁钟、犁壁、犁侧板等易损件的磨损情况，超过规定时应修理或更换。⑤长期停放时，应将整台犁

清洗干净，犁体曲面应涂上防锈油，停放在地势较高无积水的地方，并覆以防雨物。有条件的地方，应将犁存放在棚下或机具库内。

折叠翻转犁

7. 动力驱动耙

动力耙是指利用拖拉机动力输出轴，通过万向节传动轴和传动系统，驱动工作部件进行旱田碎土整地作业的机具。按照工作部件的运动方式可分为往复式动力耙、水平旋转动力耙和垂直旋转动力耙等。发达国家的动力耙不仅在功能上不断提高，品种不断增加，结构上日趋完善，而且向系列化、大型化方向发展。

动力驱动耙

水平翻转犁

8. 搅浆平地机

水田搅浆平地机能一次完成碎土、搅浆、压茬及平地等联合作业，田块能满足机械插秧要求。水田平地技术的应用与传统方法相比，降低生产成本、增产、增收，还可以减少整地用水，联合作业又可以缩短整地时间，节省能源消耗，提高作业效率，实现水稻高产稳产，对促进农业增收、农民增收和保证粮食安全生产具有重要意义。

搅浆平地机

9. 捡石机

捡石机

3 第三部分
种植机械
The third part: Planting machinery

一、播种机械

1. 免耕播种机（条播机、穴播机、气吸精量播种机）

免耕播种机就是种使用机械代替原来的人工播种，施肥，耕地等步骤，一步完成，具体应用于玉米、大豆、土豆、大蒜等适合大范围种植的经济作物。

免耕播种的优势:

①免耕直播省去了耕地作业，节省了作业费，播种期提前，比常规平播提前 1 ~ 2 天。若遇阴雨天，免耕更会体现争时的增产效应。

②免耕地块蓄水保墒能力强。由于地表有秸秆覆盖，土壤的水、肥、气、热可协调供给，干旱时土壤不易裂缝，雨后不易积水。与翻耕相比生长快，苗情好。另外，肥料不易流失，产量也相应提高。

③抗倒伏性好。免耕表层根量多，主根发达，加之原有土体结构未受到破坏，根系与土壤固结能力强，所以抗倒伏能力强。

④免耕播种机麦秸还田增加了土壤有机质含量，提高了土壤肥力，改善了土壤结构。

（1）条播机

条播型主要用于谷物、蔬菜、牧草等小粒种子的播种作业，作业时，由行走轮带动排种轮旋转，种子自种箱内的种子被按要求的播种量排入输种管，并经开沟器落入开好的沟槽内，然后由覆土镇压装置将种子覆盖压实，出苗后作物成平行等距的条行。

条播机作业时，由行走轮带动排种轮旋转，种子自种子箱内的种子杯按要求的播种量排入输种管，并经开沟器落入开好的沟槽内，然后由覆土镇压装置将种子覆盖压实。

使用条播机出苗后作物成平行等距的条行。用于不同作物的条播机除采用不同类型的排种器和开沟器外，其结构基本相同，一般由机架、牵引或悬挂装置、种子箱、排种器、传动装置、输种管、开沟器、划行器、行走轮和覆土镇压装置等组成。其中影响播种质量的主要是排种装置和开沟器。常用的排种器有槽轮式、离心式、磨盘式等类型。开沟器有锄铲式、靴式、滑刀式、单圆盘式和双圆盘式等类型。

保养方法:

①条播机在工作前应及时向各注油点注油，保证运转零件充分润滑。丢失或损

免耕播种机

条播机

坏的零件要及时补充、更换和修复。注意不可向齿轮、链条上涂油，以免粘满泥土，增加磨损。

②各排种轮工作长度相等，排量一致。播量调整机构灵活，不得有滑动和空移现象。

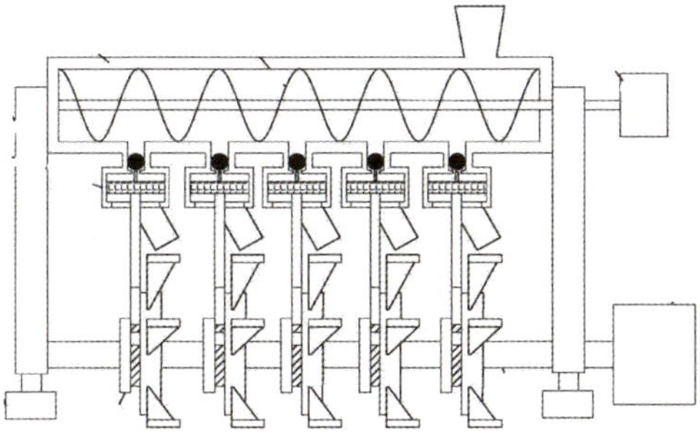

条播机结构示意图

③圆盘开沟器圆盘转动灵活，不得晃动，不与开沟器体相摩擦。

④每班工作前后和工作中，应将各部位的泥土清理干净，特别注意清除传动系统上的泥土、油污。

⑤每班结束后应将化肥箱内的肥料清扫干净，以免化肥腐蚀肥料箱和排肥部位。检查排种轴及排肥轴是否转动灵活。

⑥每班作业后，应把条播机停放在干燥有遮盖的棚内。露天停放时，要将种肥箱盖严。停放时落下开沟器，放下支座将机体支稳，使播种机的机架上减少不必要的负荷。

（2）穴播机

穴播是按一定行距和穴距，将种子成穴播种的种植机械。每穴可播 1 粒或数粒种子，分别称单粒精播或多粒穴播，主要用于玉米、棉花、甜菜、向日葵、豆类等中耕作物，又称中耕作物播种机。每个播种机单体可完成开沟 、排种、覆土、镇压等整个作业过程。

穴播机的排种器有多种穴播机类型。圆盘式排种器是利用旋转圆盘上定距配置的型孔或窝眼排出定量的种子，根据种子大小、播种量、穴距等要求选配具有不同孔数和孔径的排种盘，选用适当的传动速比。气力式排种器是 20 世纪 30 年代开始研制的新型排种器，对种子的大小要求不严，种子破损少，可适应

穴播机

7 ~ 10 km/h 的高速作业。其中，气吸式排种器是利用风机在排种盘一侧造成的负压排种；气压式排种器是利用风机产生的气流在种子箱内产生的正压排种，种子充填过程受风压大小的影响比气吸式小，工作较稳定；气吹式排种器具有类似窝眼轮的排种轮，种子进入窝眼后，由风机产生的气流从气嘴吹压入型孔。棉籽排种器专用于播种带短绒的棉籽，由装在圆筒形种子箱底部的水平搅拌轮和位于排种口下方的垂直拨子轮组成。为避免棉籽短绒缠结，往往先将棉籽与草木灰拌和，再装入种子箱。常用的开沟器多为滑刀式。此外，穴播机尚需配置开沟器的限深装置、覆土器和镇压轮等部件，还可根据需要配置免耕灭茬播种用的凿形铲或波纹圆盘、抗旱播种用的推干土铲、防治病虫害用的农药施撒装置等。

保养方法：

①穴播机在工作前应及时向各注油点注油，保证运转零件充分润滑。丢失或损坏的零件要及时补充、更换和修复。注意不可向齿轮、链条上涂油，以免粘满泥土，增加磨损。

②各排种轮工作长度相等，排量一致。播量调整机构灵活，不得有滑动和空移现象。

③圆盘开沟器圆盘转动灵活，不得晃动，不与开沟器体相摩擦。

④每班工作前后和工作中，应将各部位的泥土清理干净，特别注意清除传动系统上的泥土、油污。

⑤每班结束后应将化肥箱内的肥料清扫干净，以免化肥腐蚀肥料箱和排肥部位。检查排种轴及排肥轴是否转动灵活。

⑥每班作业后，应把条播机停放在干燥有遮盖的棚内。露天停放时，要将种肥箱盖严。停放时落下开沟器，放下支座将机体支稳，使穴播机的机架上减少不必要的负荷。

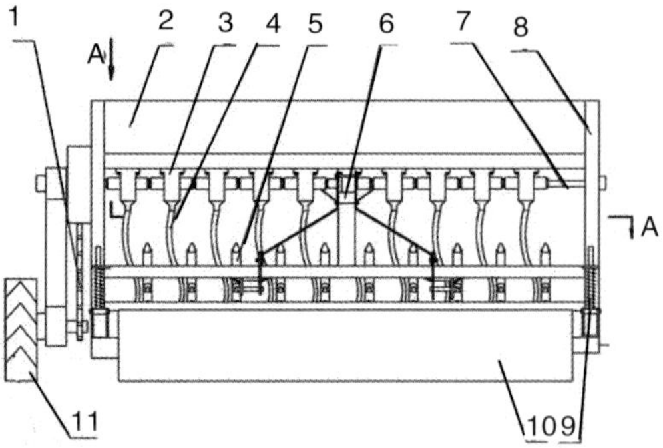

1. 链轮 2. 种子箱 3. 排种盒 4. 输种管 5. 穴播轮 6. 牵引架 7. 排种轴 8. 机架 9. 弹性连接杆 A 10. 镇压轮 11. 传动轮

穴播机示意图

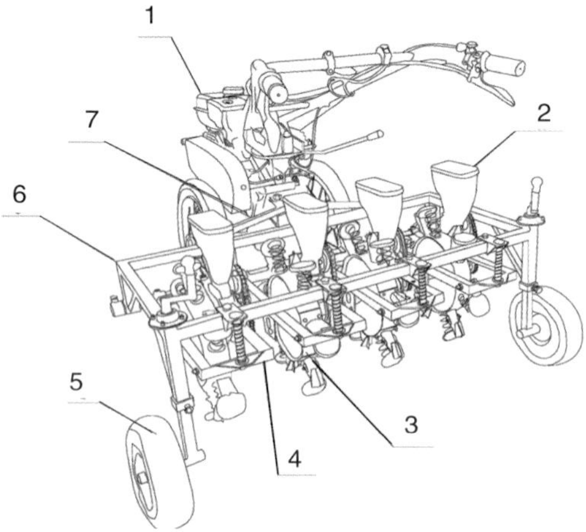

1. 车头 2. 种箱 3. 圆盘播种器 4. 支架 5. 地轮 6. 机架 7. 牵引架

手扶式穴播机示意图

（3）气吸式精量播种机

气吸式播种机是一种靠负压吸取种子而实现精量播种的播种机。它与机械式播种机相比，其技术性能具有较强的优势。其工作过程是：种箱内装入预先准备好的种子，启动拖拉机，带动风机高速转动，达到并形成稳定的正、负压力，通过管道，播种机一侧的地轮为传动地轮，通过传动系统，带动播种盘旋转，播种盘上吸附的种子经过剔种刀，剔去多余的种子，保证每个播种孔中只吸附一粒种子，继续旋转到达卸种器处，此处处于零压区，在泄种器的作用下，使得种子脱离吸附状态，种子靠重力落入下方的开沟器开出的落种沟内。正压对播种盘孔进行吹杂，为下一次吸附种子做好准备。随着机器前进，覆土器覆土，镇压轮镇压，完成一个播种循环。

精播可实现单粒播种，精播可减少种子用量，降低种子成本，一般可节省 8% ~ 10% 的种子。

提高播种精密度，经田间实际检测，播种株距合格率可达到 87% ~ 94%，明显高于机械精密播种只能达到 58% ~ 76%。

漏播率、重播率明显降低，一般重播率 8% ~ 12%，漏播率 6% ~ 9%，明显低于机械式播种机。播种适应性强，对长圆、扁、

气吸式精量播种机

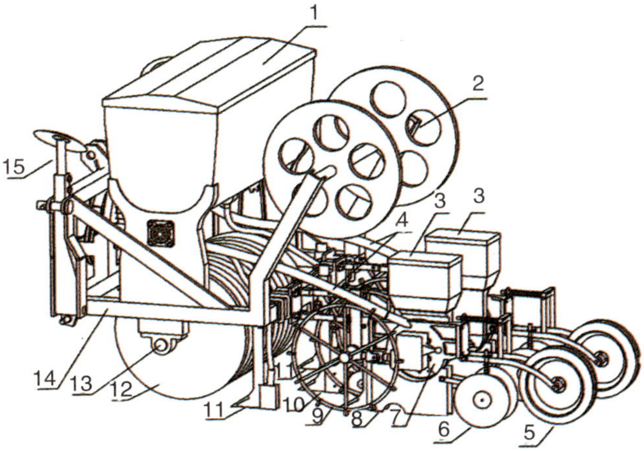

1. 肥料箱 2. 滴灌带支架 3. 种子箱 4. 吸气管 5. 播种镇压器
6. 播种覆土器 7. 气吸式排种器 8. 播种开沟器 9. 抓地轮
10. 滴灌带开沟器 11. 施肥开沟器 12. 镇压滚筒 13. 镇压轴
14. 机架 15. 划印器

气吸式精量播种机示意图

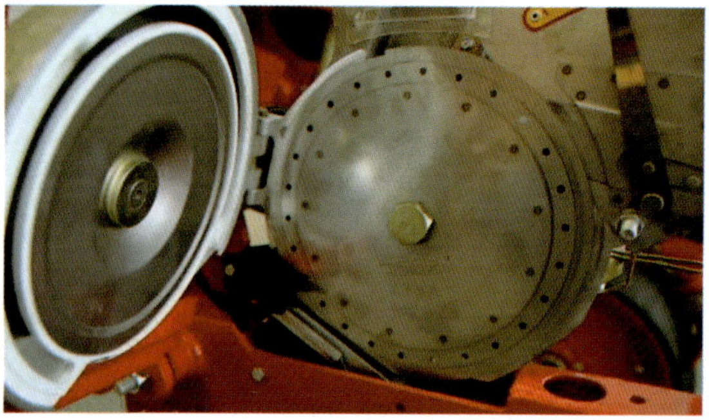

气吸式排种器

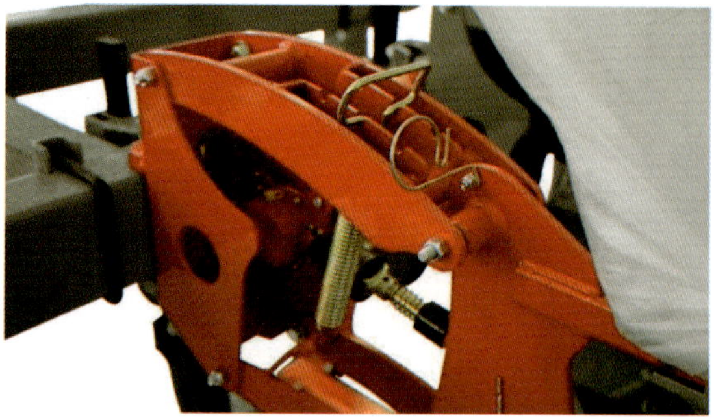

仿形装置

大、中、小等各种类型的作物种子都能满足播种要求。对种子几乎不造成伤害。可实现高速播种。

但气吸式播种机工作时，配套的拖拉机不但要带动整个播种机行走，还要带动风机做高速旋转，会额外消耗一定的燃油。气吸式播种机所配套风机要求加工精度较高，所以制造以及维护费用也相应增加了。同时对种子清洁度要求高。

气吸式精量播种机是当前国内外普遍采用的精量播种机械，其常见故障主要包括：排种量不稳定、完全不播种、播种深度不符合农艺要求。

排种量不稳定排除故障的方法：当监视人员或监视器发出漏播信号时，应立即停车熄火，并将播种机落地（悬挂式）检查原因。若接头连接不牢，可重新接牢；有较小孔眼或裂纹的可用胶带贴补，孔眼过大或裂纹过长的应更换新管；输气管内壁脱层阻力大的应更换新管。排种盘或排种室变形可试校，校平后仍然漏气的应更换新品；发动机转速正常而风机风量仍不足的，要检查风机轴承，如有旷动、异声等应予更换轴承。

完全不播种排除方法：作业前认真全面检修播种机，如方轴要校直，配合松旷的可加垫片消除间隙，磨损严重的要焊补后磨平。伞齿轮磨损过大的要成对

排种器检查口

弹簧杆

更换，磨损不太严重的可在内孔加垫片消除间隙。方向节可用推焊法填补磨痕，然后车平表面。装复后应转动灵活。排种器要更换。维护时要注意方轴套和轴、伞齿轮的润滑，以减缓磨损。运输中要防止碰撞。

播种深度不符合农艺要求的预防及排除的方法：作业前应认真检修，对上述各零部件的磨损程度做好鉴定，尤其是使用年限长的播种机。若丝杠和调节螺母磨损严重，可更换新螺母，并备有双螺母，以防退扣，作业结束后将丝杠和螺母涂上黄油，以防止锈蚀；拉力弹簧弹力过弱的可将其挂接点移短或更换新的，季节作业完成后将其卸下，恢复自由状态，表面要涂油防锈；覆土板变形的要校正，磨损严重的要焊补或换新品，农闲时要防锈蚀。开沟器也要这样维修。

此外，作业中要防止不抬机而倒车；落下机具时要先快后慢，使机具与地面软着地，并在行进中缓缓着地，以防变形和堵塞。运输播种机要严防碰撞，在车厢内固定牢靠，并不得高速行驶。

2. 旋耕播种机

旋耕播种机是将旋耕机、播种机有机组配的复式作业机具，其对减轻劳动强度、抢农时、减少作业次数、保土保墒有重要作用。

旋耕播种机

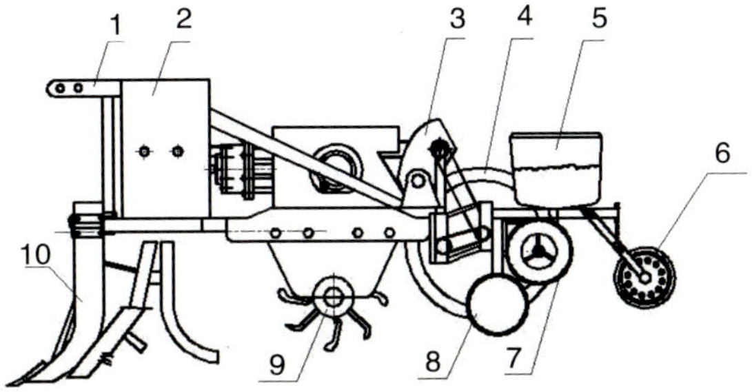

1. 机架 2. 肥箱 3. 变速箱 4. 地轮 5. 种箱 6. 镇压轮
7. 排种器 8. 播种开沟器 9. 旋耕机 10. 深松铲

旋耕播种机示意图

旋耕播种机即在普通的旋耕机上有机组配播种机的复式联合作业机具，可完成耕地、整地、开沟、起垄、播种、覆土等多项作业，并可根据农艺要求辅以喷药、铺膜、镇压等作业环境。与传统耕地、播种作业相比较，旋耕播种一次完成多种工序，为减少作业次数，节本增效、争抢农时、减少拖拉机进地次数提供了保证，且作业质量好，播后地面平整，播深一致。

通过旋耕可以将麦茬秸秆直接还田，可有效地提高土壤的肥力，促进玉米的生产发育。旋耕后一方面玉米种植沟秸秆残茬少，土壤旋后疏松，而且播种深度一致，容易实现苗齐、苗壮、苗匀，另一方面耕作效率高，农耗时间短，为夏玉米早播争取足够时间，还能节约玉米种植成本，有效避免秸秆焚烧从而保护农业生态环境和促进农业生产可持续发展。

目前我国旋耕播种机存在的主要问题如下：①功耗大、作业效率较低，且旋耕深度不能满足部分作物农艺要求；②旋耕播种机作业质量不稳定，易受土壤条件限制。

3. 根茎类种子播种机

根茎类种子播种机是将块状的种子利用播种系统有序地种植在地下的一种种植机。常见的有甜菜播种机、马铃薯播种机等，并可同小型拖拉机配套使用，集开沟、施肥、播种和覆土为一体，可一次完成施肥、播种作业。

甜菜播种机

马铃薯播种机

4. 水稻直播机

水稻直播是水稻种植方式之一，省去了育秧、插秧等多道工序，具有省工、省时、省成本、节约能源等优点。

水稻旱直播的优点是便于控制播种深度和实现旋耕播种复式作业，但对土地平整程度和水利等条件要求较高。水稻旱直播机能一次完成耕、耙、碎、平、播种、覆土及镇压等多道工序，是直播水稻中最为简单的耕播方法，具有减少机具下田作业次数、保护土壤结构、节约能源等优点。

水稻旱直播则有利于放水后平整土地，而且在阴雨天也能正常进行机械播种，但播种深度不易控制。水稻水直播机主要由船体、种子箱、排种器、导种管、压种装置、地轮及其提升装置、开沟防浪装置、运输轮和牵引座等组成，一般与耕整机机头或机动插秧机机头配套构成作业机组。

水稻播种机

大棚蔬菜菜播种机

5. 蔬菜播种机

目前使用比较先进的机型为气吸式蔬菜播种机，特点是通过更换种盘实现不同种类蔬菜的播种，可实现多种农艺下的播种要求，精密度高，下种均匀，深度一致，适用于多种不同的农艺要求。同时对拖拉机马力要求低，工作性能稳定，设计有前、后镇压轮，可以保证播种深度的高精度。

气吸式蔬菜精密播种机目前应用较为广泛，此类播种机可以进行垄上或者畦上平播作业，实现单苗带或多苗带的单粒种子等距离播种作业，可以一次完成开沟、播种、覆土及镇压等作业。

气吸式油菜播种机

二、施肥机械

施肥机械是指在地表、土壤或作物的一定部位施放肥料的农业机械。其类别与结构形式同肥料的种类、施放时期、施肥方式等有密切关系。在水田作业时还可用飞机撒施或将化肥溶解在灌溉水中施肥。

1. 中耕施肥机

在中耕作物播种机上加装施肥装置组成。多采用侧位深施，以便于作物根系吸收，而又不影响种子发芽。在施用吸湿性强、易结块的化肥时采用振动式排肥器或搅刀拨轮式排肥装置；在施用流动性较好的化肥时，采用转盘式或搅垄式排肥器，并装备锄铲式或双圆盘式施肥开沟器，以便从排肥器排出的化肥能经输肥管施入种子下面的土层。

中耕施肥机 1

中耕施肥机 2

中耕施肥机 3

2. 有机肥料抛撒机

肥料抛撒机包含车体底盘、箱体、推送机构和抛料机构。肥料抛撒距离更宽、更均匀，效果好，且设备故障率低。

3. 液态施肥机

液态施肥机主要组成部分有液氨罐、排液分配器、液肥开沟器及操纵控制装置。液肥易被作物吸收，肥效快，多用于追肥。排液装置是液肥施用机的主要工作装置，常见的有自流式排液装置、挤压泵式排液装置和柱塞泵式排液装置。

有机肥料抛撒机

液态施肥机

三、育苗机械

1. 催芽机

移动式全自动蒸汽喷淋水稻种子催芽机由加热系统、温控系统、配电监控系统、热风循环系统和给水系统 5 个系统组成。

其工作原理是以水作为导热介质，水稻种子通过水的升温、控温、保温、保湿等过程，实现催芽目的。

使用催芽机可以不受气候影响，一次性完成人工催芽的各个生产环节，种芽质量高、标准化，省工、省力费用低。

使用中先把种子放入清水中（可按农艺要求加入农药），除去瘪谷等杂物，一般情况下，早谷浸泡 36 h 左右、晚谷浸泡 24 ~ 48 h（具体按当地农艺要求）。然后捞出浸泡好的种子，放入催芽箱，种子摊放厚度在 10 ~ 15 cm，不宜过高。

电脑开机后，催芽软件会自动启动。

第一步：打开催芽箱，检查清理催芽箱水槽中有无异物，向水槽中注入一定量的清水（以水位线为标准），确认整个设备正常后，关闭催芽箱。

第二步：合上电源，按加热键（出厂加热温度默认值是 50 ℃，用户可根据需要，通过电脑板操作设置加热温度）。

第三步：加热至预设温度后，蜂鸣器响起，电脑屏幕提示“种子进仓”，将堆放好种子的催芽箱放入催芽机。

注意：需在摊放种子的催芽箱中掏一个直径 200 ~ 260 mm 的穴，以便催芽箱内热气流动顺畅。

第四步：种子进入催芽机后，关闭催芽机阀门，按电脑板上的加热键，催芽机开始自动催芽作业。

催芽机 1

催芽机 2

第五步：待催芽机自动工作 8 h 左右，每隔 1 小时观察种子催芽状况，直至种子破胸露白即可，此时关闭电源，打开催芽机阀门，将种子拿出，放置在合适温度的环境下存放。

使用过程中需要注意：①统一品种。由于水稻种子品种间吸水能力不同，发芽势存在差异，如每个箱内的种子品种不统一，会造成催芽破胸露白不均匀。②统一进种、出种时间：每批种子的进种时间和出种时间要统一，催好后要运走，放在阴凉处。③当催芽的种子量少时，应将盛种盘自上而下依次放置，每盘种量应在 50 kg 左右。

维护与保养

①在设备运行及催芽期间，工作人员需随时检查设备运行情况。如发现设置有异常，立即安排维修工维修保养。

②冬季维护：设备使用完以后应把电动机拆下维护保养。水箱及管路里的存水排放干净，防止冻裂管路。

③长期不用时，应将水箱的水排干净，开门晾干后保存，防止锈蚀或滋生蚊蝇。

④加强人员培训：该设备试运行后，要对催芽人员进行培训，使之熟练操作电脑，驾驭该设备。

⑤要有专业人员负责管理，做好设备运行记录。要求用常规温度计按时进行检测，确认温度传感器工作是否正常，如发现异常，应立即维修或更换，以确保设备的正常运行。

2. 秧盘播种成套设备

全自动水稻育秧播种流水线适用于常规水稻和杂交水稻的播种。播种装置上装有行播器，使种子规律成行地播在秧盘上。可实现行播、散播通用，尤其是行播，既能保证杂交水稻的农艺要求，又可节约用种量 0.6 kg/ 亩，降低了生产成本。加配苗盘覆土叠盘流水线后具有自动上土功能。可以把秧盘均匀地叠放在一起，最多可叠 5 盘，省时省力，大大提高了生产效率。注意事项：种子保持破胸露白，干燥度以不沾手为宜。

播常规稻时，先放秧盘铺土 – 洒水 – 播种 – 覆土 – 叠盘，播杂交稻时，先放秧盘铺土 – 条播播种 – 洒水 – 覆土 – 叠盘，机架上有专用螺丝孔，使用时请按图适当调节（注：播种、洒水时应按标准放入杀菌农药）。

育苗：播种通过流水线及自动叠盘后，在大棚内把播好的盘叠在一起，叠至 20 盘的高度，用塑料布密封好炼芽，温度要超过 20 ℃，一般放置 3 ~ 5 天，此时白芽长出 5 ~ 7 mm，最后用输送带送至苗床或秧田进行育苗。在保证水量的情况下，大约 10 天苗长至 10 cm 左右（二叶一心）时应掀开大棚，让苗接受大自然，有条件的要进行炼苗，时间为 4 ~ 5 天（三叶一心）时即可机器插秧。

在播种机工作前，检查刀片是否在播种滚筒内。随时检查链条、链轮有无异常。定期为其注润滑油。在播种工作后，如长期不用时，需存放在阴凉干燥处，防止设备电路板及电子元件损坏。

全自动水稻育秧播种流水线 1

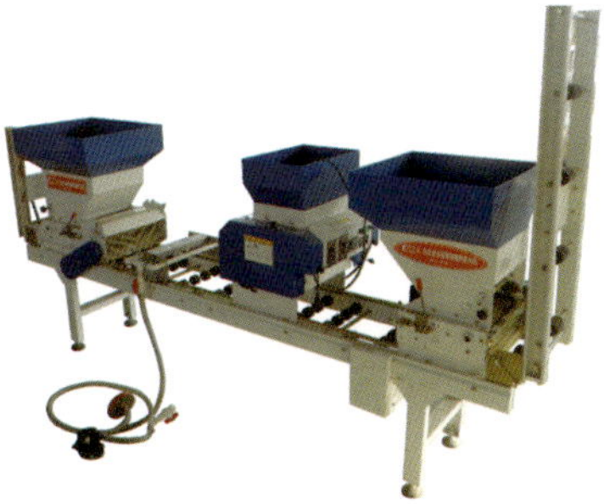

全自动水稻育秧播种流水线 2

育秧苗床主要由苗床主架、移动式微喷灌系统、低压水泵、推杆电机和电控箱 5 大部件组成。

播好的种子在经过炼芽后，就需要放在合适的阳光下生长。传统方法是把苗盘放在地上或一般大棚内，让其自然生长。利用育秧苗床，可通过输送机输送苗盘，能直接把苗盘运送到大棚和运出大棚，从而大大减少了人力。苗床可以通过推杆电机自动往复翻转（采光）并且与移动式微喷灌系统同时使用，育秧效果更加明显。使种子在生长期能充分接收阳光和营养水分。育秧苗床使用领域广泛，不仅可用水稻育苗，还可用来种植如草莓、蘑菇、青菜等作物。

一般经过 5 ~ 7 天的炼芽后将苗盘依次摆放在苗床上，并检查出芽及病害情况。在育芽前期，由于床土杀毒不彻底，易在苗盘土壤表面生长霉菌，应及时喷洒药剂。

浇水：秧苗上架后，一般每天浇水大约 3 次，也可按当地天气增加浇水的次数，一般是早上 7 点、上午 10 点和晚 7 点各浇 1 次，每次浇透。以后随着秧苗长高，可根据当地的气候及秧苗的成长情况，给予增加或减少喷水的次数。对个别边角水浇不到的部位应采取人工补水。提示：苗床顶层因太阳直射时间长，水分容易蒸发，应关闭下面的喷头水阀，开启顶部喷头水阀。1 天单独喷灌 1 ~ 2 次。

多功能育秧苗床 1

多功能育秧苗床 2

定期施肥：主要有壮秧剂一类的肥料。

增加日照：在上午 8 时左右将苗床向东倾斜，下午以后向西倾斜，以便尽量多地接受阳光照射，增强秧苗的光合作用，避免叶片发黄、茎秆细长等发育不良现象。

防治病害：要注意防治病害，发现有病害苗头，立即请农艺技术人员来诊断，对症下药，及早防治。

一般常规情况下，秧苗长到 10 cm（二叶一心）时要进行炼苗，但也要根据当地农艺及种植方式选择下田时间。

苗床喷水时要注意电机设备及线路不要进水，要观察喷嘴是否有堵塞。检查水泵过滤芯内有无杂物或堵塞。注意：喷淋水源需采用干净无杂物自来水，防止喷头堵塞。

苗床在喷水时，可根据水量的情况对喷嘴进行微调，从而可以满足不同的喷水量，长期使用时要定期对各部件进行检查，观察行走小车有无卡阻现象等。

种子处理机械 1

3. 种子处理设备

作物播种前，根据农艺和机械播种的要求，采用生物学、化学、物理学和机械的方法处理种子的设备。播种经过处理的种子，能提高种子的发芽率和出苗率，促进幼苗生长，减少作物病虫为害，为作物高产稳产创造条件。

常用的种子处理设备包括种子拌药机、种子表面处理机械、甜菜种子单粒化机械和种子包衣机等，以及用 γ 射线、高频电流、红外线、紫外线、超声波等物理方法处理种子的设备。广义的种子处理设备还包括种子清选机械和种子干燥设备，其构造和原理与谷物干燥设备基本相同，但使用热气流的温度较低，以免影响种子发芽。现在拥有成套设备的现代化种子加工厂，已逐步取代了种子处理的单机作业。这种工厂拥有自动化的运输系统、控制中心和完善的检验设备，种子处理的全过程实行流水线生产，形成了种子处理和供应的中心。

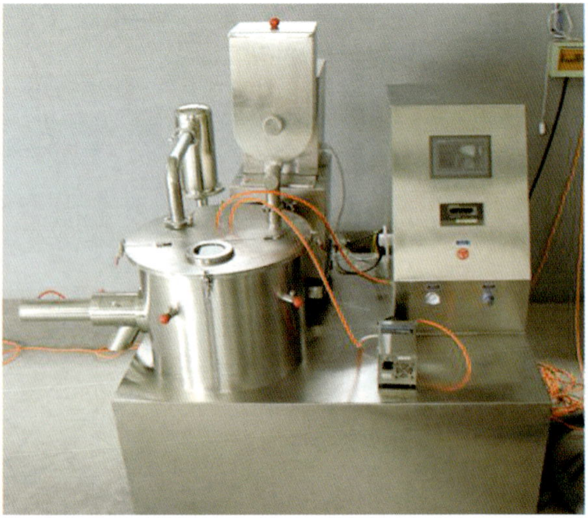

种子处理机械 2

4. 营养钵压制机

育苗制钵机采用对冲式制钵新工艺，适用于番茄、辣椒、黄瓜、西瓜等蔬菜、瓜果的制钵育苗，棉花、花卉的育苗等，对各类土壤适应性强，制钵效果好。具有体积小，动力小，质量轻，便于田间移动作业，耐磨损，抗老化，关键部位不锈蚀操作简单，安全可靠拆装维修方便等优点，制作的钵体大小高矮一致，外光内松，可提高发芽率，促进苗齐苗壮，达到稳产高产，制作的钵育苗，省水省种省时省工和减少病虫害，并能保护农业生态环境，提高植物内在质量，为生产环保无公害绿色蔬菜创造良好的条件，是粮棉、蔬菜育苗保收的有力保障。

营养钵压制机

四、栽植机械

1. 水稻插秧机

插秧机通常按操作方式和插秧速度分类。按操作方式可分为步行式插秧机和乘坐式插秧机。按插秧速度可分为普通插秧机和高速插秧机 。目前，步行式插秧机均为普通插秧机；乘坐式插秧机有普通插秧机，也有高速插秧机。

各种插秧机栽插部分的组成基本相同：人力插秧机由秧箱、分插秧机构、机架和浮体（船板）等组成，自走式机动插秧机还设有动力驱动、行走装置、送秧机构等部分。

分插秧机构是水稻插秧机的主要工作部件，由取秧器及其驱动机构和轨迹控制机构组成。取秧器在驱动机构的驱动和轨迹控制机构的控制下，按照一定的轨迹从秧箱中分取一定数量的秧苗并将其插入土中，然后返回原始

手扶插秧机

乘坐式插秧机

位置开始下一次循环动作。按分秧动作，有横分和纵分两种。①横分取秧器有适于拔取苗栽插的秧夹和适于带土苗栽插的切扒式秧爪，两者根据需要可互换使用。秧夹由活动夹片和固定夹片构成，其张开度根据秧苗的粗细和秧苗数量进行调节；切扒式秧爪带有脱秧片，使带土秧苗从秧爪上顺利脱出。②纵分取秧器有适于拔取苗栽插的梳式秧爪，适于带土苗栽插的有装上脱秧器的梳式秧爪，或采用筷子式秧爪。梳式秧爪在分秧过程中对秧苗有分理作用；筷子式秧爪在插入带土秧苗中取秧时，由推秧片把带土苗强制推出。

一定数量的秧夹或秧爪按规定行距配置在秧夹（或秧爪）排上。在滚动直插式插秧机上，一般有 2 ~ 4 个秧爪排与作圆周运动的分插轮转臂铰接相连；在摆动直插式插秧机上。一般是一个秧爪排同作往复摆动的摇臂铰接相连，也可将一个取秧器直接装在一组曲柄连杆机构的连杆上，进行分组驱动。在多数插秧机上，取秧器的运动轨迹除由驱动机构控制外，还受轨迹控制机构的控制。常用的轨迹控制机构有导槽、滑道、凸轮、行星齿轮和四杆机构等，与各种驱动机构配合组成各种类型的分插秧机构。

送秧机构包括纵向送秧机构和横向送秧机构，其作用是按时、定量地把秧苗送到秧门处，使秧爪每次获得需要的秧苗。①纵向送秧机构的送秧方向同机器行进方向一致，有重力送秧和强制送秧两种。重力送秧是利用压秧板和秧苗自身的重量，使秧苗随时贴靠在秧门处，常用于人力插秧机，其送秧能

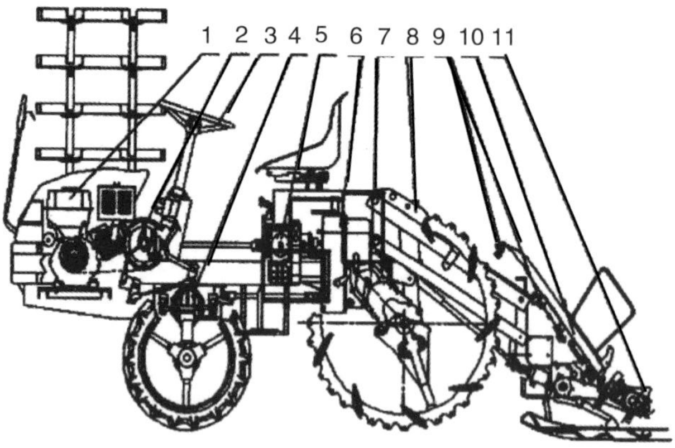

1. 发动机 2. 离合器 3. 转向机 4. 前桥 5. 液压马达 6. 变速箱 7. 边减速箱 8. 提升机构 9. 秧箱折叠机构 10. 秧箱 11. 栽植机构

乘坐式插秧机示意图

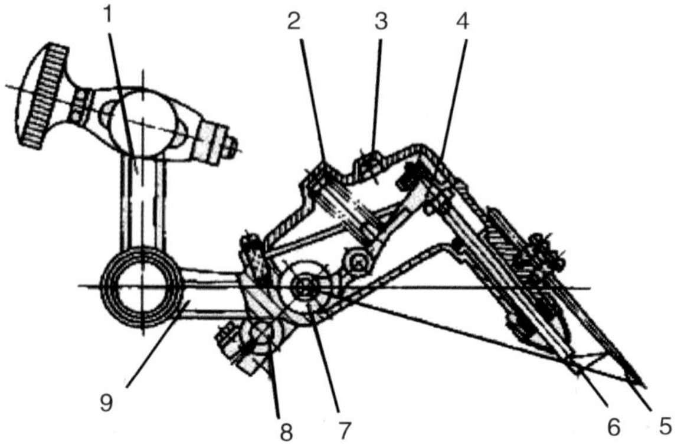

1. 推杆 2. 推秧弹簧 3. 栽植臂盖 4. 拨叉 5. 秧爪 6. 推秧器 7. 凸轮 8. 曲柄 9. 栽植臂

秧爪示意图

力随秧箱形式及秧箱内秧苗数量多少而变化，因而送秧均匀度较差。强制送秧是由纵向送秧机构定期推送秧苗，其送秧能力强，又分整体送秧和对准送秧两种。前者主要用于带土苗。当秧箱横向移动至两端极限位置时，将整体秧苗往秧门推送一次；后者主要用于拔取苗，取秧器每取秧一次，即相应地送秧一次，送秧宽度等于取秧器的取秧宽度。②横向送秧机构的送秧方向同机器行进方向垂直，都采用移动秧箱法，因而又称移箱机构。按其移动方式又分为间歇移箱和连续移箱：间歇移箱机构用于拔取苗和带土苗，其特点是在秧爪分取秧苗时停止移箱，以利于秧爪梳理分秧。连续式移箱机构是在作业中使秧箱作横向连续等速运动，移至两端极限位置后自动换向，因而在分秧阶段，秧爪和秧箱相对移动，适用于带土苗。

机架是插秧机各部件和机构安装的基础，要求刚性好、质量轻。按机架与船板连接方式可分为整体式和铰接式两种：整体式是用插深调节器调整插深后，把机架和船板锁定；铰接式是机架和船板仅靠插锁连接，在作业过程中插秧深度随泥脚深浅而变化。

人力插秧机以船板为承载浮体，支承机器的全部重量，一般不设行走装置，作业时由人力牵引，使船板在泥面滑行。自走式机动插秧机的行走装置包括驱动轮、导向轮和陆地运输轮等。驱动轮多采用叶片式铁轮，并有独轮驱动、两轮驱动和四轮驱动等类型，其承载浮体有整式船板和间隔配置的浮板两种类型，支承机器的部分重量。

造成插秧机漏秧的原因及解决方法：①育秧时，秧苗出苗不均匀：导致插秧机漏插。处理方法：更换适合的秧苗。②播种量偏少：播种量少，导致插秧苗数偏少或缺秧。处理方法：取苗量调节手柄往“多”的方向调整；调节横向传送切换手柄，将横向传送次数减少。③床土过薄或者过厚，都有可能导致缺秧。处理方法：若床土过薄，缩小苗床压杆与秧苗之间的空隙，并放慢插秧速度以免秧苗滑落。如无法解决，请更换合格的秧苗。若床土过厚，取苗时稍稍增加一些取苗量，放慢插秧速度，如无法解决，请更换合格的秧苗。④秧苗的床土为黏度偏大的黏土，田块泥土也是黏质土，而且田间水偏少。会造成插秧时，秧苗无法从插秧爪分离，引起缺秧的现象。处理方法：给田块灌注 1 ~ 3 cm 深的水，使秧苗容易脱离插秧爪。在插秧臂上，安装清理杆，便于秧苗推出。

机器的操作、拆装、故障诊断、调试等操作步骤的安全注意事项较多，需要担当人员有专业的维修资质，才可以操作。

水稻插秧机

2. 蔬菜移栽、种植机（包括烟草）

专用的蔬菜机械主要种类有：①播种机，能满足多种小粒菜籽的播种要求。其组合式排种器由大、小窝眼轮和棘齿轮组成，能播种不规则形状的菜籽，也能播种谷子、小麦等种子。②蔬菜精密播种机，用于将丸粒种子按一定株距准确地播在行内。排种器有气吹式、种带式等类型。③钵苗栽植机，用于栽植在营养钵中发芽生长的蔬菜秧苗。

蔬菜移栽机

移栽机多采用了联动控制装置带动投苗机器随栽苗器挖穴、施肥、栽苗等功能的实现，并且无漏栽苗和伤苗现象发生，确保了秧苗移栽的质量和成活率，完全可以弥补人工移栽过程中的深浅不一、株距不均、生产效率低等缺点。

要想高效实现这一农艺过程就离不开移栽机械化，在吊篮式移栽机中，要想实现可靠的移栽，栽植器在随驱动盘转动的过程中应该始终处于铅垂状态，待栽植器入土时由打开机构打开实现移栽；也就是说栽植器在随驱动盘做公转的同时还要自转，自转到一定位置便自行打开。

在烟苗的栽植过程中，烟苗栽后的直立度直接影响着烟苗栽后的发育和生长，因此必须设计一套合理机构和结构尺寸，来保证移栽质量，保证接苗桶和栽植器转动过程中始终处于铅垂状态。

烟草移栽机

甘蔗种植机

3. 甘蔗种植机

甘蔗种植机可以一次性完成开沟、施肥、切段、播种、淋水、覆土、铺膜、培土和镇压 9 道工序，9 道工序连作有利于保苗、保墒。

4 第四部分
田间管理机械
The fourth part: Field management machinery

一、中耕机械

中耕机械是指在作物生长过程中进行松土、除草、培土等作业的土壤耕作机械，主要有旱作中耕机和水稻中耕机两类。

地膜覆盖机 1

地膜覆盖机 2

地膜覆盖机 3

1. 地膜覆盖机

地膜覆盖机有人力覆膜机和机械动力覆膜机两种。一般由开沟器、压膜轮、覆土器、框架等构成。有些还安装了电动喷雾器装置，满足在覆膜的时候喷洒除草剂、杀虫剂等农药。不仅能够提高地温、保水、保土、保肥，而且还有灭草、防病虫、防旱抗涝、抑盐保苗、改进近地面光热条件，使产品卫生清洁等多项功能。对于刚出土的幼苗来说，具有护根促长等作用。

培土机 2

2. 培土机

培土机采用犁刀旋抛原理，采用比较合理的犁刀转速，不仅作业效率高，而且使培起的土呈颗粒状，达到畦土细碎落实、垄体饱满的效果。

培土机 1

培土机 3

3. 除草机

生长在作物田间的杂草通过除草机可及时防除。中耕除草针对性强，干净彻底，技术简单，不但可以防除杂草，而且给作物提供了良好生长条件。在作物生长的整个过程中，根据需要可进行多次中耕除草，除草时要抓住有利时机，除早、除小、除彻底，不得留下小草，以免引起后患。

除草机 2

除草机 1

除草机 3

二、植保机械

植保机械是指防治农作物病虫的机械。随着农村经济水平的提高，现代化的植保机械得到应用。植保机械的出现解决了劳动力的不足，提高生产效率和农业的精准度。

一般按所用的动力可分为：人力（手动）植保机械、畜力植保机械、小动力植保机械、拖拉机配套植保机械、自走式植保机械和航空植保机械。按照施用化学药剂的方法可分为：喷雾机、喷粉机、土壤处理机、种子处理机、撒颗粒机等。

1. 植保无人机

植保无人机，又名无人飞行器，顾名思义是用于农林植保作业的超低空无人驾驶飞行器，该机型由飞行平台、飞控系统、导航系统、电力系统和喷洒系统5部分组成，通过地面遥控或自主导航飞行，来实现农药喷洒作业，可以用来喷洒农药、肥料，也可以用来飞播种子。

植保无人机体型娇小而功能强大，可负载5~20 kg农药，采用超低容量喷雾技术，雾滴直径50~100 μm，亩喷洒量500~1 000 mL，每分钟可完成1~2亩的喷洒作业，每架次喷洒面积10~30亩，其喷洒效率是传统人工背负式喷雾器的30倍，该机型通过北斗、GPS或RTK系统进行定位导航，定位导航精度可达到厘米级，通过自动飞行控制系统进行控制，操作十分简单。

植保无人机在飞行作业时，其螺旋桨产生的下压

植保无人机 1

植保无人机 2

植保无人机 3

风场有利于增加雾滴对作物的穿透性，雾化质量高、防治效果好，可提高农药利用率，减少用水量，同时远距离遥控操控施药，实现了人、药的彻底分离，大大提高了农药喷洒作业的安全性，避免人药接触引起中毒。

植保无人机具有作业高度低、雾化质量高、喷洒均匀、人药分离、操控简单、效率高等优点，在我国有巨大的发展潜力和应用前景。

植保无人机在时常使用中应注意如下事宜：

①飞行作业时应远离人群，保持 10 m 以上的安全距离，如遇有人群围观，应疏散人群后方可作业。

②飞行作业时应注意飞行区域的安全性，应选择在开阔、无遮挡、无干扰的区域飞行，远离机场和军事区域，远离有大功率电台的区域，远离有电磁干扰的地方（高压线下、信号塔附近、铁皮厂房周围等）。

③防范农药飘逸风险，飞防作业应在 4 级风以下进行，大风天气严禁作业，尤其在喷洒除草剂、调节剂等敏感性农药时，需要观察周边 200 m 内是否有敏感作物，在喷洒杀虫剂、杀菌剂时要观察周边 200 m 范围内是否有鱼塘、虾池等，避免产生药害。严禁在下雨时飞行，雨天作业时雾滴容易被雨水冲刷，防治效果差，雨水或水汽进入机器内部可能引发短路或失控等事故。

④喷洒完成后应及时清洗喷洒系统，避免农药在管道内腐蚀设备，同时预防农药交叉感染，对作物造成药害。

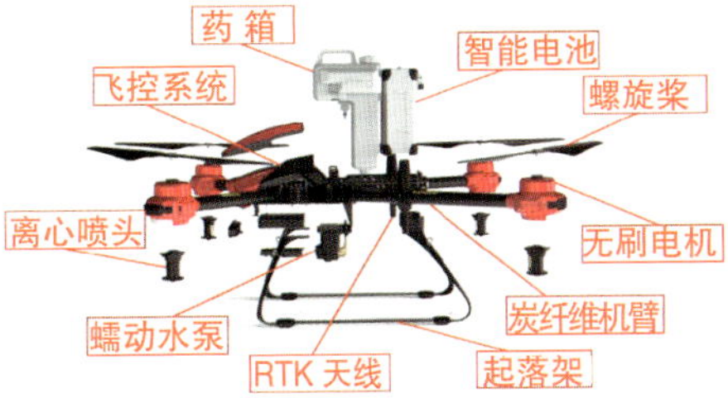

植保无人机 4

植保无人机 5

植保无人机 6

2. 喷杆喷雾机

喷杆喷雾机属于作业机械领域，主要特点是在窄长底盘下设有行走轮，在底盘上设有药液箱和动力机、高压水泵，在框架上分别设有向前方喷药的喷嘴排，向侧边喷药的喷嘴排和向后方喷药的喷嘴排以及半径喷药的喷嘴排。广泛适用于多种作物各生长阶段喷药，还可用于园林、道路绿化带、养殖场、公共场所、住宅区及疫区喷药，防治病虫害、消毒杀菌等。

（1）自走式喷杆喷雾机

自走式喷杆喷雾机是一种将喷头装在横向喷杆或竖立喷杆上，自身可以提供驱动动力、行走动力，不需要其他动力提供就能完成自身工作的一种植保机械，该类喷雾机的作业效率高，喷洒质量好，喷液量分布均匀，适合大面积喷洒各种农药、肥料和植物生产调节剂等的液态制剂，广泛用于大田作物、草坪、苗圃、墙式葡萄园及特定场合（如机场、道路融雪，公路边除草等）。

（2）牵引式、悬挂式喷杆喷雾机

牵引式喷杆喷雾机，是将液体分散开来的一种农机具，与 22 kW/30 hp 以上拖拉机配套的大型宽幅喷杆喷药机，用于喷洒灭虫剂、矮草剂、杀菌剂，亦可用于喷洒液体肥料等，喷雾性能好，作业效率高，广泛适用于草地、旱田等。拥有药液箱容量大，喷药时间长、排量大、作业效率高等特点。药液箱中的药液采用回水射流搅拌，可保证喷雾作业过程中药液浓度均匀一致。可直接利用机具上的喷雾液泵给药液箱加水，加水管路与喷雾机采用快速接头连接，装拆方便、快捷。

悬挂式喷杆喷雾机是与拖拉机进行配套工作的喷雾机，主要用于旱田、棉田、麦田、玉米田喷洒农药防治病虫害。作业效率高、省时、省力，一个人与拖拉机就可完成喷洒作业。是广大农民朋友广泛使用的农机具。

自走式喷杆喷雾机 1

自走式喷杆喷雾机 2

自走式喷杆喷雾机 3

牵引式喷杆喷雾机

悬挂式喷杆喷雾机

3. 风送式喷雾机（含果园喷药机）

风送式喷雾机是一种新型雾化喷淋除尘装置，由风机、离心泵、蓄水池等构成。风力强劲、射程远、覆盖范围广、工作效率高，可配套各种皮卡、小四轮、电动三轮车，操作简单方便，主要作用于果树、园林喷洒农药防治病虫害，提高果园产量、作业效率高，省时、省力，使用广泛。它是一种适用于较大面积施药的大型机具，具有喷雾质量好、用药省、用水少、生产效率高等优点，而且它不是仅靠液泵的压力使药液雾化，而是依靠风机产生强大的气流将雾滴吹送至果树的各个部位。风机的高速气流有助于雾滴穿透茂密的果树枝叶，并促使叶片翻动，提高了药液附着率且不会损伤果树的枝条或损坏果实。

果园喷药机是植保机械的一种，专用于农作物打药，尤其适用于果园、园林病虫害防治。主要有悬挂式、牵引式和自走式等。牵引式又包括动力输出轴驱动型和自带发动机型两种。我国主要机型为中小型牵引式动力输出轴驱动型，今后应发展小型悬挂式或自走式机型。前者成本低，而后者机动性好、爬坡能力强，适用于密植或坡地果园。

风送式喷雾机

果园喷药机 1

果园喷药机 2

三、修剪机械

修剪机械是林、果木栽培过程中用于管理、清理所用的设备，主要作用是可人为控制树木、植物生长，调节营养生长与生殖生长关系。

1. 修剪机（茶树、果树）

修剪机主要用于植被管理和树木清理，需要低压电源，通常由 EWP（高架工作平台或空中铲斗）提供动力，但也可由泵（汽油、电动、柴油）或其他液压机械（有时需要流动）提供动力。

茶树修剪机是茶园管理专用作业机械，用于茶树的轻修剪、定型修剪、深修剪、重修剪、台刈等作业场合。以往，茶树修剪多是用修枝剪刀进行手工修剪，费时费力，作业质量较差。对于机械化茶园来说，要保证树冠整齐，形成理想的茶树采摘面，实现机械化采茶，就必须采用机械化修剪作业。

果树修剪机使用时只需轻按气门，即可轻松剪除直径 3 cm 的枝条。剪枝作业，既省力又快！适合各类果园、葡萄种植园、桑树种植基地、花卉及林业的剪枝工作。

茶树修剪机

果树修剪机

剪草机

2. 剪草机

剪草机是园林养护常用的设备，主要用于草坪的修葺。剪草机的种类繁多，根据动力来源不同分电动剪草机和汽油剪草机；根据运动方式分手推式剪草机和坐骑式剪草机。

四、灌溉机械

水泵是输送液体或使液体增压的机械。用户选择水泵时，最好是到农机部门认可的销售点，一定要认清生产厂家。建议优先考虑购买充水式潜水电泵，并且看清牌号和产品质量合格证。千万不能购买“三无”（即无生产厂家、无生产日期、无生产许可证）产品，否则出现了问题，用户将束手无策。选择合适流量的水泵，即出水量，一般不宜选得过大，否则，会增加购买水泵的费用。应具体问题具体分析，如用户自家吃水用的自吸式水泵，流量就应尽量选小一些的；如用户灌溉用的潜水泵，就可适当选择流量大一些的。使用中应注意正确掌握使用方法是延长水泵寿命、减少经济损失的重要因素。

1. 喷灌、微灌、滴灌

喷灌是由管道将水送到位于田地中的喷头中喷出，有高压和低压的区别，也可以分为固定式和移动式。固定式喷头安装在固定的地方，有的喷头安装在地表面高度，主要用于需要美观的地方，如高尔夫球场、跑马场草地灌溉、公园、墓地等。

喷灌

微灌

滴灌

微灌是按照作物需求，通过管道系统与安装在末级管道上的灌水器，将水和作物生长所需的养分以较小的流量，均匀、准确地直接输送到作物根部附近土壤的一种灌水方法。与传统的全面积湿润的地面灌和喷灌相比，微灌只以较小的流量湿润作物根区附近的部分土壤，因此，又称为局部灌溉技术。

滴灌是将水一滴一滴地、均匀而又缓慢地滴入植物根系附近土壤中的灌溉形式，滴水流量小，水滴缓慢入土，可以最大限度地减少蒸发损失，如果再加上地膜覆盖，可以进一步减少蒸发，滴灌条件下除紧靠滴头下面的土壤水分处于饱和状态外，其他部位的土壤水分均处于非饱和状态，土壤水分主要借助毛管张力作用入渗和扩散。滴灌是通过不同口径的塑料管，将水直接送到每株农作物的根部，以点滴等方式进行灌溉。

2. 离心泵

离心泵是利用叶轮旋转而使水发生离心运动来工作的。水泵在启动前，必须使泵壳和吸水管内充满水，然后启动电机，使泵轴带动叶轮和水做高速旋转运动，水发生离心运动，被甩向叶轮外缘，经蜗形泵壳的流道流入水泵的压水管路。

3. 潜水电泵

潜水电泵是指泵体叶轮和驱动叶轮的电机都潜入水中工作的一种水泵，有深井用和作业面用两种。深井用潜水电泵通过伸入井中的电缆向电机供电，免去了传动长轴，因而结构紧凑，质量轻，安装、使用和转移方便，在有电源地区有取代长轴深井泵的趋势，但对含沙量大的水井和无电源地区不适用。

4. 混流泵

混流泵是介于离心泵和轴流泵之间的一种泵。由于混流泵的叶轮形状介于离心泵叶轮和轴流泵叶轮之间，因此，混流泵的工作原理既有离心力又有升力，靠两者的综合作用，水则以与轴组成一定角度流出叶轮，通过蜗壳室和管路把水提向高处。

5. 轴流泵

轴流泵靠旋转叶轮的叶片对液体产生的作用力使液体沿轴线方向输送的泵，有立式、卧式、斜式及贯流式数种。

混流泵

离心泵

潜水电喷

轴流泵叶轮装有 2 ~ 7 个叶片，在圆管形泵壳内旋转。叶轮上部的泵壳上装有固定导叶，用以消除液体的旋转运动，使之变为轴向运动，并把旋转运动的动能转变为压力能。轴流泵通常是单级式，少数制成双级式。流量范围很大，为 180 ~ 360 m^3/h；扬程一般在 20 m 以下。轴流泵一般为立式，叶轮浸没在水下面，也有卧式或斜式轴流泵。

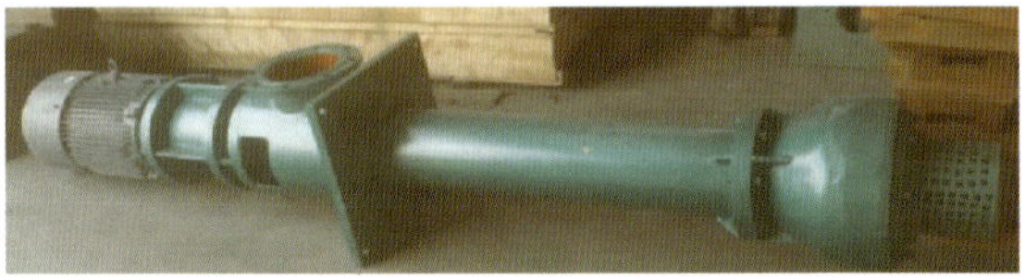

轴流泵

5 第五部分 收获机械

The fifth part: Harvesting machinery

一、谷物联合收获机

一次完成谷类作物的收割、脱粒、分离茎秆、清除杂余等工序，从田间直接获得谷粒的谷物收获机械。有些谷物联合收获机经局部改装和调整后，还可收获豆类、向日葵和牧草种子等。其优点是劳动生产率高，劳动强度低，能赶农时，适宜地块面积大的地方使用。我国从1947年起从国外引进谷物联合收获机，在东北和华北国有农场使用。

按动力配置和挂接形式的不同，谷物联合收获机分为自走式、牵引式、悬挂式和半悬挂式；按作物喂入脱粒装置的方式，分为全喂入式联合收割机和半喂入式联合收割机；按行走装置类型，分为轮式联合收割机和履带式联合收割机。

1. 全喂入式谷物联合收获机

全喂入式谷物联合收获机的工作原理是，将作物的茎秆和穗头全部喂入脱粒装置，进行脱粒、分离、

全喂入式谷物联合收获机 1

全喂入式谷物联合收获机 2

清选，而后清选干净的籽粒经输送装置进入粮箱，秸秆杂余排出机外。还可以配套秸秆还田装置，将秸秆切碎还田。

脱粒装置是联合收获机的核心部件之一，其功用是将谷粒从谷穗上脱下，并且在脱粒的同时尽量多地将谷粒从茎秆中分离出来。全喂入式谷物联合收获机的脱粒装置根据作物沿滚筒的运动方向可分为切流式和轴流式，采用相应脱粒装置的收获机也称为切流式收获机和轴流式收获机。

在切流式脱粒装置中，作物喂入后沿滚筒切向流动并被排出，谷物在通过凹板间隙的过程中被脱粒。在轴流式脱粒装置中，作物喂入后，一面随滚筒作旋转运动，一面沿滚筒轴向运动，即螺旋线运动，其脱粒时间比切流式脱粒装置长许多。

切流式联合收获机作物通过能力强，对茎秆破坏小，在收获中有点明显，但需配分离逐稿器，机具整体庞大。轴流式脱粒效果较好，特别是收获前期或雨后，作物潮湿时优点突出，省去了庞大的逐稿器，使整机尺寸变小，机动灵活，但在收获中后期易使秸秆

打碎，增加清选负荷，造成丢粒损失。

以前的联合收收割机大多采用切流脱粒装置，目前市场上的收割机大多采用轴流脱粒装置。

（1）轮式全喂入式收获机

行走装置为轮子的谷物联合收获机称为自走轮式谷物联合收获机，该类型收获机的行走系统和动力设备等都是本身自有，其特点是结构紧凑、机动性好、能自行开道、转移地块方便，生产效率高。

轮式全喂入式谷物联合收获机主要由行走装置、割台装置、输送装置、脱粒装置、分离装置、清选装置、集粮装置、液压系统和电气系统等部分组成。

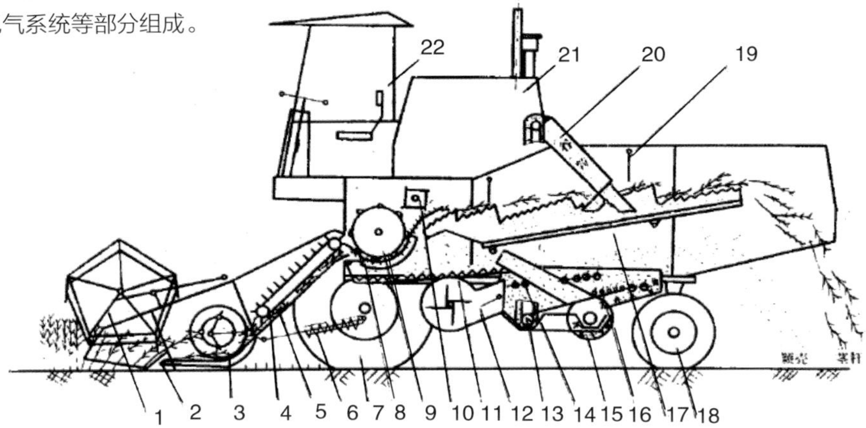

1. 拨禾轮 2. 切割器 3. 割台螺旋推运器和伸缩扒指 4. 输送链耙 5. 倾斜输送器（过桥）
6. 割台升降油缸 7. 驱动轮 8. 凹板 9. 滚筒 10. 逐稿轮 11. 阶状输送器（抖动板） 12. 风扇
13. 谷粒螺旋和升运器 14. 上筛 15. 杂余螺旋和复脱器 16. 下筛 17. 逐稿器 18. 转向轮 19. 挡帘
20. 卸粮管 21. 发动机 22. 驾驶室

轮式全喂入式谷物联合收获机结构

（2）履带式全喂入式联合收获机

行走装置为履带的全喂入式谷物联合收获机称为履带自走式全喂入式谷物联合收获机。该类机型体积小、结构紧凑、操作灵活，因行走装置为履带，因此对田块的破坏性小，能在田脚不深的水田行走，非常适合南方小规模经营地区的稻麦收获。更换油菜专用割台，并调整相关部件间隙，还可收获油菜；部分地区甚至可以用来收获高粱、芝麻等。

履带式联合收获机主要由行走系统、割台装置、倾斜输送器（过桥）、脱粒清选装置和粮箱等部分组成。其中行走系统中的发动机、底盘、传动系统，以及脱粒清选装置是该类机型的关键部件，其技术水平的高低直接决定整机的性能质量。

该类机型履带底盘技术不断成熟，对于湿烂田块以及深泥脚水田适应性更强；整机重量不断降低，田间通过性好。在传动系统方面，早期都是机械式的，后来发展为“液压变速 + 液压传动”变速箱（HST），目前很多产品已经开始应用“液压变速 + 齿轮传动”变速箱（HMT），HMT 传动效率比 HST 高。

全喂入式履带联合收获机

2. 半喂入式谷物联合收获机

半喂入式谷物联合收获机是指在收获过程中，只将作物穗部喂入脱粒装置进行脱粒，而茎秆被夹持输送然后整齐铺放到田间的收获机。按割台型式可以分为立式和卧式两种机型，其中卧式割台机型采用带齿链条完成割台横向输送，轨道式倒吊夹持中间输送和倒吊式夹持脱粒，这类机型对倒伏水稻适应性差。另一种是带扶倒器的立式割台半喂入式联合收获机，该机型在割台的切割器前方设计有扶禾框架的伸缩齿扶禾链传动扶禾器，可以扶起倒伏角 70° 以内的水稻。目前市场上主要是立式割台半喂入式联合收获机。

由于半喂入式联合收获机生产技术要求较高，国内品牌未能大批量生产，目前市场上的产品多以日、韩品牌为主。

半喂入式联合收获机

自走式玉米收获机

二、玉米收获机

1. 玉米联合收获机

我国从 20 世纪 60 年代开始研制玉米联合收获机，在引进国外样机进行试验的同时，着重对摘穗、剥皮、输送和茎秆切碎等工作部件进行研究。针对我国玉米收获期籽粒含水率高的问题，采用的收获工艺主要有两种：摘穗—输送—果穗收集—茎秆粉碎还田；摘穗—输送—剥皮—果穗收集—茎秆粉碎还田。研发的机型都以摘穗为主，因此又称为摘穗式玉米收获机。

按照配套动力类型，玉米果穗收获机主要有牵引式、悬挂式和自走式 3 种类型。目前牵引式、悬挂式机型基本已经退出市场，生产、应用较多的是自走式机型。

玉米联合收获机就是一次完成摘穗、剥皮（或脱粒）、茎秆放铺或切碎抛撒还田等项作业，然后将不带苞叶的果穗运到场上，经晾晒（或不经晾晒）后进行脱粒。其工艺流程为：摘穗—剥皮（或脱粒）—秸秆处理 3 个连续的环节。

玉米联合收获机

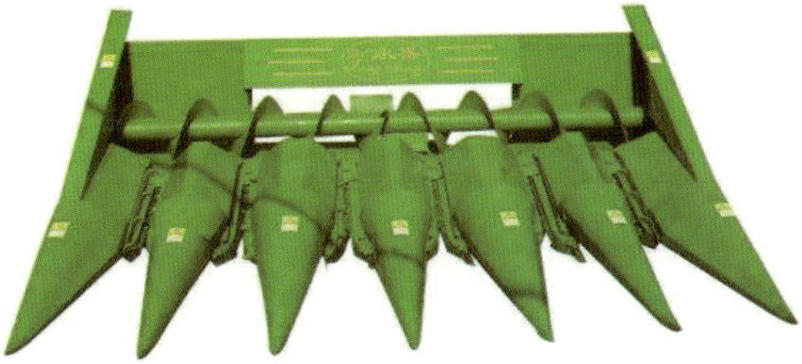

玉米割台

国外玉米收获机的研究与生产技术已经成熟，美国、德国、乌克兰、俄罗斯等西方国家，玉米的收获已基本实现了全部机械化作业。由于其种植方式多为一年一季，收获时玉米籽粒的含水率很低，大多数国家均采用玉米摘穗并直接脱粒的收获方式。

我国北方玉米产区尤其是小麦、玉米一年两茬轮作种植区，玉米收获时籽粒含水率较高，采用直接脱粒方式收获，籽粒破碎率十分严重。而且直接脱粒的收获方式也不利于玉米后熟，使产量降低，因此这类机具不适应我国两茬轮作种植区高含水率玉米的收获作业，但在东北一年一熟地区，玉米收获时，含水率相对较低，因此对于籽粒收获机的需求较迫切。

2. 玉米专用割台

玉米割台是收获玉米专用的割台，又称玉米摘穗台，可分为对行玉米割台与不对行玉米割台。以不对行玉米割台为例，主要由右输入轴、割台搅龙和摘穗部件、拨禾链、右分禾罩、中间分禾罩、左分禾罩、割台体和左输入轴等组成。不对行玉米割台是全行距玉米割台，能适应各种行距的玉米收获，工作时行距不需要调整。

三、蔬菜收获机械

1. 根菜类收获机

根菜类收获机是收获胡萝卜、萝卜等根菜的机械，有挖掘式和联合作业式两种类型。挖掘式根菜收获机能完成切顶和挖掘作业并将根菜铺放成条。

根菜收获机又分为两种型式：一种是夹住茎叶把根菜从土中拔出，然后分离茎叶和土壤；另一种是先切去茎叶，然后将根菜从土中挖出，并清除土壤和杂草。胡萝卜联合收获机属于前一种机型，主要由圆盘刀挖

胡萝卜联合收获机

掘铲、拔取器、茎叶分离器、清理装置和输送器等组成。

该类机型调整圆盘挖掘铲的角度，还可用来收获食用甜菜、芜菁和其他浅埋生长的根菜。

圆葱收获机

2. 果菜类收获机

果菜类收获机包括番茄、黄瓜、甜椒等各种类型的收获机。由于果菜的成熟期不一致，要求分次作选择性收获的难度较大。目前大多仅能作无选择性的一次收获，主要用于收获供食品厂加工罐装食品用的果菜，以减轻劳动强度，也可及时收获新鲜的果菜。

国外果菜类收获机应用较成熟，国内还处于起步阶段。

黄瓜收获机

南瓜收获机

辣椒收获机

番茄收获机

3. 叶菜类收获机

韭葱收获机

大葱收获机

菠菜收获机

甘蓝收获机

芹菜收获机

青饲料收获机 1

青饲料收获机 2

四、饲料收获机

1. 青饲料收获机

用来收获青贮饲料的收获机称为青饲料收获机，按照配置动力，可以分为牵引式、悬挂式和自走式 3 种类型。进入 21 世纪，随着农村经济水平的不断提高，牵引式、悬挂式青饲料收获机由于各种局限性，逐渐被自走式机型替代。

自走式青饲料收获机有独立的行走底盘，具有生产效率高、机动性能好和适应性广等特点，按割台型式可分为卧式和立式。卧式割台收获机采用传统的卧式拨禾轮割台，不对行作业，切割滚筒和喂入辊可实现反转，一次进行切割、输送、压扁和抛送等作业，对倒伏青贮饲料作业优势明显，且割茬低。由于受割台长度和拨禾轮高度的限制，卧式割台机型仅适用于低矮作物，不适合超过 3 m 高的作物秸秆收获。立式割台收获机采用立式圆盘收割和立式喂入机构，主要用于青（黄）贮玉米、棉秆、高粱、甘蔗及燕麦等秆状类饲草和作物秸秆的不对行收获，可连续完成收割、切碎、揉搓和抛送装车等作业，比较适合高秆青贮玉米的收获作业。

青饲料收获机 3

青饲料收获机 4

2. 割草机

割草机是将生长状态的牧草割倒，以便晾晒。根据切割器形式割草机分为往复式、旋转式，旋转式割草机比往复式割草机具有更高的生产能力，通过性能好。割草压扁机可将割下的草茎结构破坏，使茎叶的干燥速度趋近，特别适于豆科牧草的收获。

割草机 1

割草机 2

割草机 3

割草机 4

搂草机 1

3. 搂草机

搂草机是将散铺于地面上的牧草搂集成草条的牧草收获机械。搂草的目的是使牧草充分干燥，并便于干草的收集。按照草条的方向与机具前进方向的关系，搂草机可分为横向和侧向两大类。

搂草机 2

搂草机 3

4. 集草机械

集草机械包括集草机、垛草机和捆草机。集草机和垛草机适用于草场搂集草条的收获。传统的收获工艺是使用集草机和垛草机将搂集的草条集成草垛。现代散草收获工艺则是使用捡拾压垛机，直接得到大型密实草垛。

集草机械 2

5. 打（压）捆机

集草机械 1

集草机械 3

五、其他机械

1. 棉花收获机

棉花收获机械就是采摘成熟子棉或摘取棉桃的作物收获机械。用机器收获棉花，有一次收获法和分次收获法两种。一次收获法通常使用摘棉桃机，在霜前或霜后一次摘取全部吐絮和未吐絮的棉桃；然后将子棉同未成熟棉桃分开，用剥棉桃机从未成熟棉桃中剥出子棉。这种方法所用机器的结构较简单，收摘效率和摘净率较高。但在收获的子棉中含有大量铃壳、断枝和碎叶等杂质，因而只适用于棉桃吐絮期比较集中、抗风性较强的棉花品种。

自走式采棉机

分次收获法通常使用水平摘锭式或竖直摘锭式摘棉机，霜前分次采摘吐絮棉桃中的成熟子棉，霜后再用摘棉桃机摘取剩余的未吐絮棉桃。这种方法的适应性较强，摘棉机采摘子棉的质量较好，但机器的结构复杂、造价高，使用可靠性还不够理想。收获棉花前，须喷洒化学制剂进行脱叶催熟，使大部分棉叶干枯脱落，以免在收获时妨碍机械作业，并减少收获子棉中的含杂量。

目前我国应用较多的采棉机主要是约翰迪尔、凯斯纽荷兰公司的产品，国内也有几家企业开发出了采棉机，但还未大批量生产。

打包摘棉机

2. 花生收获机

花生收获机是指在花生收获过程中完成挖果、分离泥土、铺条、捡拾、摘果、清选等项作业的作物收获机械。主要分为花生挖掘铲、花生收获机和花生联合收获机。

花生挖掘铲大多为拖拉机悬挂式或畜力牵引式的双翼铲，也有对称配置的两个单翼铲。收获作业时，挖掘铲将埋深约 10 cm 的主根切断，使花生沿铲面升出地面铺放成条，铲后面有纵向排列的栅条，以便漏除泥土。铺条的花生由人工收集或用机械捡拾后摘下荚果。

花生收获机适用含水量为 10% ~ 18% 的沙壤土花生地。作业时，挖掘铲将花生连同土壤铲起，在抛土轮和拔送轮的抛击作用下，土块被打碎并漏走一部分，然后经分土轮的指杆连续抛掷，将细土块和碎土粒通过圆弧形条杆筛排出，花生荚果及少量细根与细土则被抛至摆动式清选筛，细土等通过筛孔排出，花生果由筛面滑入两侧的果箱内。

花生收获机 1

花生收获机 2

花生收获机 3

花生摘果机用于从藤蔓和根系上摘下花生荚果。主要有两种机型：一种是钉齿滚筒与凹板式，同钉齿滚筒式脱粒装置相似，脱下的花生经凹板筛孔漏下，经风扇气流清除杂物后落入果箱，适于北方晾干的带蔓花生；另一种是使花生通过两个相对旋转的钉齿滚筒间隙脱果，脱下的荚果落到振动筛上，在风扇气流的配合下清除杂物后落入果箱，适于南方丛生蔓花生。

花生联合收获机可以一次完成花生的挖掘或拔取、分离泥土以及摘果、清选等作业。有两种机型：一是挖掘式。采用三角形挖掘铲把花生连同泥土铲起，经分土轮分离出大量泥土后，再经输送装置送入摘果装置。二是拔取式。由每行一对环形夹持输送胶带夹持花生茎蔓后，连同花生拔起，经输送装置送入摘果装置用于沙土地丛生蔓花生的收获。这两种机型的摘果装置采用两个或多个串列的弹齿滚筒和凹板，滚筒上的弹齿将花生荚果梳脱，并伸入凹板槽缝以降低花生蔓茎的通过速度。清选装置与花生摘果机上同类装置相似。

3. 马铃薯收获机

我国从20世纪60年代开始研究马铃薯收获机械，最初的产品是马铃薯挖掘机，整机结构庞大，作业流程过长，处理程序偏多，造成收获破损率高。后来又研发出牵引式马铃薯收获机，一次完成切沟、挖掘、输送分离和集装等作业，实现马铃薯的联合收获。

目前国内的马铃薯收获机械仍停留在中小型产品发展阶段，大型自走式联合收获机械还是空白。技术发展趋势是自动随行导向、限深挖掘技术；块茎下落高度自动控制技术；折叠升运装车技术；多级分离、清选、降低伤薯率综合技术；升运装车集中、实时控制技术。

大型马铃薯收获机

中小型马铃薯收获机

4. 采茶机

采茶机是从茶树顶梢采收新嫩茶叶的作物收获机械，按采摘方法不同分选择性采茶机和非选择性采茶机两类。由于生产效率低且对茶园作业条件的要求高等原因，选择性采茶机没有大量推广。

非选择性采茶机又可分为往复切割式、钩刀切割式和螺旋滚切式。

往复切割式采茶机，由0.6 ~ 14 W的小汽油机或40 W左右的微电机驱动，动力由软轴传至手携采摘装置，驱动切割器（有双动刀和单动刀两种）和集叶装置做往复运动。采下的茶叶在风机或扫叶轮作用下送入集叶袋。采摘质量好，芽叶完整率可达70%左

采茶机 1

右，是非选择性采茶机发展的主要类型。

钩刀切割式采茶机，采摘装置的切割器由两组或多组钩刀和固定底刀组成，每两组钩刀做相向水平旋转运动而切割芽叶。芽叶的完整率可达 50% 左右，但有重复切割现象。

螺旋滚切式采茶机，采摘装置为装有两把螺旋形刀片的旋转刀滚，既用于切割芽叶，又兼有集叶作用。结构简单，多用于手动采茶机，也可由动力驱动。有严重的重复切割现象，叶芽的完整率只有 30% 左右，适用范围不广。

采茶机 2

5. 草籽收获机

草籽收获机是收获草籽的联合收获机，国外一般是通用型谷物联合收获机换装草籽专用割台，发展相对成熟。国内草籽收获机相对较少，大多是用谷物收获机改装而来，收获损失率相对较高。

草籽收获机

6. 烟草收获机

烟草收获机是收获烟叶的机械。在国外，烟草种植有不同的模式，因此，烟草收获机的类型也较多，而且机器所采用的液压传动等控制技术先进、具有代表性。另外，在烟草的机械化与集约化方面，美国等国家已经实现了烟田采收的机械化作业和烟叶生产的高度集约化。国外的烟草种植技术已经发展到比较高的水平。

烟叶采摘机

根据作业机械化程度的不同，烟草收获机可以分为自走式烟草收获机和半自动烟草收获机。自走式烟草收获机多为大功率收获机械，适用于面积较大的烟田。对于小地块，半自动式和人工辅助采收的机器适应性更好。

我国烟草采收机械化发展处于起步阶段，很多企业和科研单位都在研发各类烟草收获机。其中北京德邦大为科技有限公司与意大利 DeCloet 公司合作生产的烟叶采摘机在国内属于较为先进的烟草收获机，该机可以准确、快速地采摘烟叶，对烟叶的损伤率较低，能把烟叶从后方的存烟篮移到烟叶挂车上；同时，机器上带有中央监控系统，可随时在驾驶室中查看收割机的作业状况。

烟叶采收机

7. 向日葵收获机

向日葵收获机是用于收获向日葵的机械，可以分为自走式、牵引式和背负式。

自走式向日葵收获机本身具有动力、行走和操作控制系统，具有布局紧凑、结构合理、操纵灵活和作业效率高等特点，但价格也较高，投资回收期长。国外主要是自走式向日葵收获机。

牵引式向日葵收获机以拖拉机为动力，将工作装置纳入其体系，同时配备支撑轮等系统。作业时拖拉机牵引工作装置，机手操控作业装置。该类机型具有拖拉机利用率高、价格较低和投资回收期相对较短等优点，但机身比较长，转弯半径大，收获前需开割道，主要适用于农场等大地块作业。

背负式向日葵收获机与拖拉机配套使用，需将各工作部件安装在拖拉机上。该类收获机具有拖拉机利用率高、价格低和投资回收期短等优点，但由于需在拖拉机上安装主机架、割台、输送、存储箱和秸秆粉碎还田等装置，所以驾驶员操作视野较差。收获机重心偏高，稳定性差，转移地块或长距离运输时，行驶速度受限。

牵引式向日葵收获机

自走式向日葵收获机

大型割晒机

8. 割晒机

割晒机是一种特殊型式和用途的收割机，其工作原理是割倒小麦禾秆，将其摊铺在留茬上，成为穗尾搭接的禾条，以便于晾晒。该类收割机也可用于收割牧草，晾晒后的禾条由带捡拾器的谷物联合收割机捡拾收获。

割晒机出现于 20 世纪 20 年代末，我国自 1947 年起，先在东北等地的国有农场逐步推广使用，1952 年开始研制生产。

割晒机有自走式、牵引式和悬挂式 3 种，其作业部分由带切割器的割台、拨禾轮和输送带组成。切割器的留茬高度高于普通收割机，一般为 15 ~ 25 cm，以利于麦穗的通风晾晒。割台的左侧或中部设有宽 90 ~ 110 cm 的排禾口。排禾口在中部时采用由两侧向中间输送的双输送带。幅宽一般为 4 ~ 5 m，最大可达 10 ~ 12 m，每米幅宽收割小麦 0.33 ~ 0.40 hm^2/h（5 ~ 6 亩 /h）。

割晒机适用于成熟不一致、田间杂草较多或由于机具、劳力安排等原因需要提前在蜡熟期割倒铺放的小麦收获作业，以延长小麦的收获期，提高谷物联合收获机的利用率。麦穗经通风晾晒后具有后熟增重作用，因而能使小麦增产。

割晒机

六、秸秆粉碎还田机

秸秆粉碎还田机是将秸秆粉碎后再抛撒回土地的机具，主要适宜旱地、浅泥脚水田的油菜秸秆、稻麦秸秆、绿肥等粉碎、灭茬、翻耕埋地作业，是一种埋草与碎土旋耕为一体的秸秆还田耕作机具。秸秆还田能改良土壤结构，使土壤疏松，孔隙度增加，容量减轻，促进微生物活力和作物根系的发育。市场上多以国内产品为主。

秸秆粉碎还田机 1

秸秆粉碎还田机 2

6 第六部分

收获后处理机械

The sixth part: Post-harvest processing machinery

一、脱粒机械

脱粒机是能够将农作物籽粒与茎秆分离的机械，主要指粮食作物的收获机械。根据作物的不同，脱粒机种类不同。如“打稻机”适用于水稻脱粒；用于玉米脱粒的称为“玉米脱粒机”等。

脱粒机按喂入方式分为全喂入式和半喂入式。全喂入式是将茎秆和谷穗全部喂入脱粒装置，其生产率高，但脱后茎秆碎乱，功耗大；半喂入式脱粒时，作物茎秆的尾部在机外被夹住，仅穗头部分进入机内，功耗低，茎秆可以完整地保留。

按脱粒部件的不同，又可分为弓齿式、纹杆式、钉齿式和叶轮式。弓齿式梳刷作用强，比较适合脱水稻；纹杆式主要是搓擦作用，脱麦类效果好；钉齿式对稻、麦都比较适用；叶轮式则是依靠脱粒盘上的轮片和分离筒上的刀片，连续打击作物，完成脱粒。

玉米脱粒机

花生摘果机

全喂入稻、麦脱粒机

二、干燥机

1. 谷物烘干机

谷物烘干机是一种烘干机的总成，是粮食烘干机各种设备的统称，也可以称为是粮食烘干机，如玉米烘干机、稻谷烘干机、酒渣烘干机等，都可以称之为谷物烘干机。按谷物与气流相对运动方向，烘干机可分为横流、混流、顺流、逆流及顺逆流、混逆流、顺混流等型式。按照是否可移动，还可分为固定式烘干机和移动式烘干机。

横流烘干机是我国最先引进的一种机型，较为常见多为圆柱形筛孔式或方塔形筛孔式结构，目前国内仍有很多厂家生产。该机的优点是制造工艺简单，安装方便，成本低，生产率高。缺点是谷物干燥均匀性差，单位热耗偏高，一机烘干多种谷物受限，烘后部分粮食品质较难达到要求，内、外筛孔需经常清理等，但小型的循环式烘干机可以避免上述的一些不足。

移动式谷物烘干机

选择烘干机应考虑的因素

①烘干方式：以水稻为主的可选择顺逆流、混流、混逆流型式的低温烘干机。根据烘干粮食数量的多少，也可选择不同型式的烘干工艺和烘干机。如粮食品种多、数量少或粮食分散存放，应选用小型分批（循环）式烘干机或小型移动式烘干机；如品种单一、数量大、烘干期短，应选用大型连续式烘干机为宜。

粮食烘干机

②设备规格：烘干机型号大小的配置，是根据当地的实际情况，以及对烘干机的生产率和降水幅度这两个重要指标的要求来综合分析确定的。粮食集中的产区，烘干季节内粮食处理量大，可根据实际情况选择大型高温、高效、快速烘干机。

③生产能力：烘干机的配备宜大不宜小，因为多数情况下在收获季节遇上雨季时，才需要发挥烘干机的作用，生产率小不能解决问题。固定式烘干机的服务半径宜小不宜大，以减少运输距离，降低成本，提高效益。移动式烘干

机可用于农村产粮不集中地区和南方小产粮区，最好一机多用，不但适用于粮与粮种，还适用于一些经济作物，服务半径应大些，才能发挥其作用。

操作注意事项

①使用燃油设备时，在启动燃烧器前先检查燃油箱是否有油，油路有否漏油（主要检查过滤阀、油管、燃烧器等）。

②所用燃油必须符合设备要求，当燃烧器工作时，勿给油箱加油。

③启动干燥机后，先检查空运转声音是否正常（提升机、送风机、上下部搅龙等处）。

④做好机具设施的维护。机具有许多电器件、运动件，要定期做好维护与保养工作，配备必要的安全防护设备。

⑤定期清扫干燥机的干燥部网板，不让网板小孔堵塞，以免影响干燥机的干燥效果。检查、清扫干燥机时，应先切断电源，避免发生人身安全事故。

果蔬烘干机 1

果蔬烘干机 2

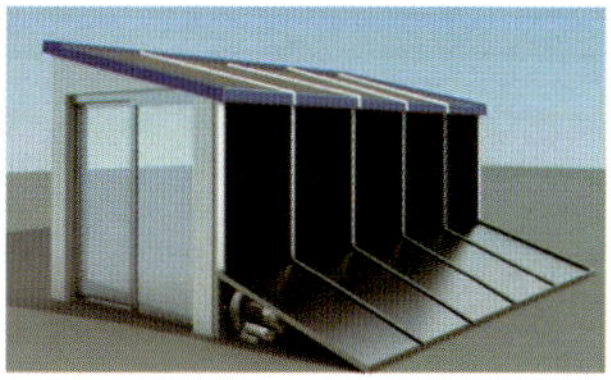

果蔬烘干机 3

2. 果蔬、药材烘干机

果蔬烘干机是烘干蔬菜、水果和药材的机器。按照热源的方式不同，可以分为加热干燥、远红外干燥、太阳能干燥和通风干燥等方式。

加热干燥是最传统的干燥方式，采用热风多层利用原理，热风炉产生的纯净热风，对多层果蔬烘干箱循环翻转、逐层烘干。

太阳能果蔬烘干机的工作原理是冷空气经过太阳能集热器后被加热，经过倒风筒后，由离心式风机送入干燥室，使得空气与被烘干物料间产生温差与相对湿度差，从而加速物料水分扩散蒸发，达到干制的目的。

远红外干燥机是利用远红外辐射元件，将电能转换为远红外辐射能。采用低温远红外辐射及单片机控制，脱水干燥速度快、时间缩短，使脱水果蔬的品质较燃煤或电热式干燥机相比，有了较大改善。

中药材烘干机

7

第七部分 农产品初加工机械

The seventh part: Agricultural products processing machinery

一、碾米机械

1. 碾米机

碾米机是应用物理方法将糙米表面的皮层部分或全部剥除的机械。根据碾辊轴的安装形式，碾米机分为立式碾米机和横式碾米机。按碾白作用力的特性，碾白方式分为摩擦擦离碾白和碾削碾白。

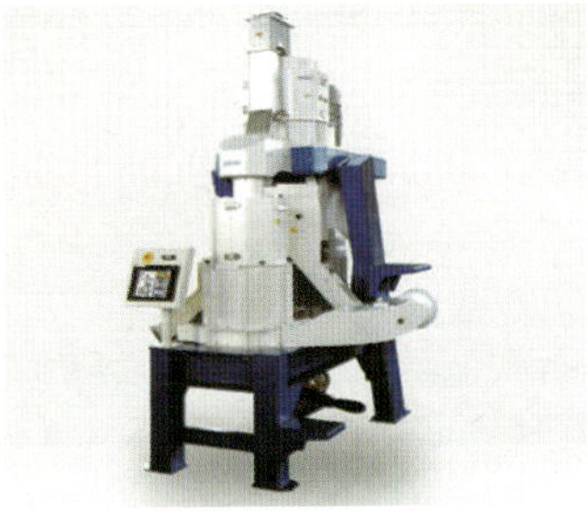
立式碾米机

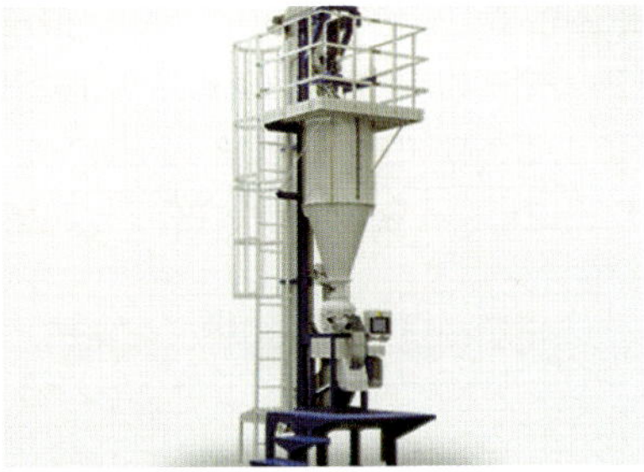
批量碾米机

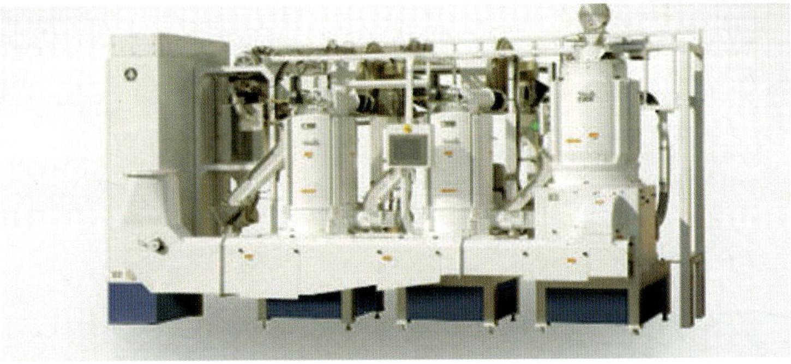
组合米机

2. 组合米机

组合米机是指将开糙、粗碾、精碾等不同碾白阶段串联而成的设备。

二、果蔬加工机械

果蔬加工机械是指专用于对果蔬进行清洗、去皮、选果、榨汁、切割等加工，以提高其附加值的各类机械，包括水果清洗机、水果打蜡机、水果分选机、保鲜库、自动化辅助设备等。

1. 山地果园运输机

山地果园运输机（又称“单轨车”）是为山地丘陵区的果园运送物资而专门设置的机械。

单轨车可用于山上施工，如旅游区建设、铁塔建设、山顶场站建设、长城维修、地铁站建设、防波堤建设及救灾抢险等，同时可在果园、农业、林业、旅游区和体育训练场承运货物。

其包括以下 5 个特点:

第一，安全可靠。

单轨运输车由机头(汽油发动机、驱动装置、制动装置)、拖车组成。

制动装置包括一组手动制动和一组紧急制动。手动制动装置使轨道车随时行进和停止，同时当轨道车工作异常时紧急制动器会使轨道车自动强制停止。

山地果园运输机 1

驱动装置是由发动机、变速箱、轨道齿条组成。动力由发动机输出，进入变速箱，变速箱齿轮与轨道的齿条啮合，从而驱动机体移动。因此行走在坡地时，不会发生下滑现象。

第二，卓越的爬坡性能。

在往山上运送货物时，传统运输方式往往会遇到无通行道路、造价过高或雨雪天气道路结冰等现象，单轨车能解决这些困难。一般运输机能实现在 45° 坡地上载重 350 kg、35° 坡地上载重 500 kg 长时间工作，而大型运输机则能实现 1 ~ 3 t 的载重。

山地果园运输机 2

第三，无须人员跟车操纵。

在轨道车终点设置了自动停车装置，使轨道车在无人驾驶情况下，到达目的地时能自动停止。

第四，占用空间小。

单轨车可在 800 mm 狭窄空间穿行，如:树木间、岩石间等。

第五，保护原有地貌。

在铺设轨道过程中不必筑地基。可在岩石、土质地、沙地等不破坏原来基础的情况下架设轨道。因此不会大面积破坏原有的地表。

2. 水果分级机

水果分级是指清洗水果后，按照尺寸、形状、质量、颜色、品质等特性分成不同的等级。目前常见的有滚筒式分级机、回转带分级机、光电分选机、重量式分级机等。

自动装箱、称重设备适用于砂糖橘、马水橘、南丰橘等带叶水果的选果及成品包装作业。将现有的分散式纯人工操作的选果包装模式改为统一集中式选果，并自动装箱。以达到简化加工工序，减少加工时间及工人数量，

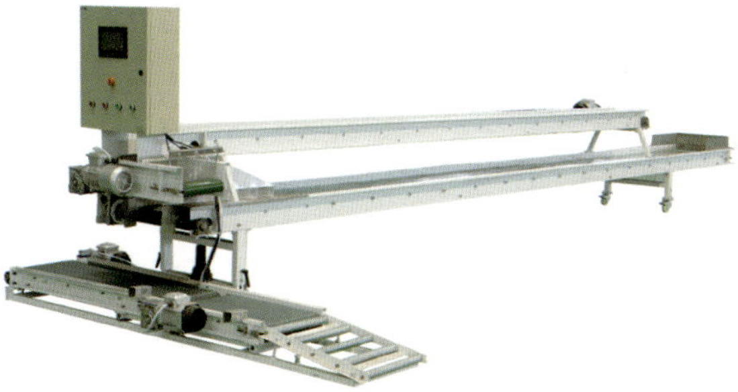

自动装箱、称重设备

螺旋变距式水果分级机

提高工人的工作效率，加大成品产量、降低成本。

重量分选机是针对苹果、脐橙、蜜柚、猕猴桃、杧果等异形水果所开发的按重量进行分选的设备，利用机械的办法代替人工对水果进行排队、称重、分级，主要优点是分级精准，伤果率低。

重量分选机主要由上线提升机、排队机、果杯传送线、电脑称重机、电磁落果等组成。

螺旋变距式水果分级机是针对带叶果、砂糖橘、南丰橘、脐橙、杧果的异形水果及异形农产品所开发的新型分选设备。工作原理是蔬菜、水果在清洗、打蜡、干燥等加工流程完成后，直接输送到螺旋式分选机上，利用机架两侧的变距式螺旋传动轴，给承载水果的滚杆提供前进的动力。根据螺旋传动轴螺距从小到大的不断变化，将滚杆之间的间距不断地加大，从而达到分级的目的。

滚筒式水果分级机是针对市场上柑橘、橙类、罗汉果等圆形果蔬所开发的一款按外形直径大小进行分级的设备，该机主要特点是工作效率高、伤果率低、适用范围广。

工作原理是来自干燥机（也可直接接提升机出口）的水果按序进入滚筒分级机。该滚筒在标准分级机内设有 7 组，每组滚筒上加工有大小一致的圆孔，而 7 组滚筒上的圆孔则是不一样的，一般按大小等差设置，这些滚筒按从小到大的规格布置并同步向前旋转。水果进入后，经过滚筒作用向前运行，较小的水果从滚筒圆孔中通过，进入出果输送带，较大的水果不能

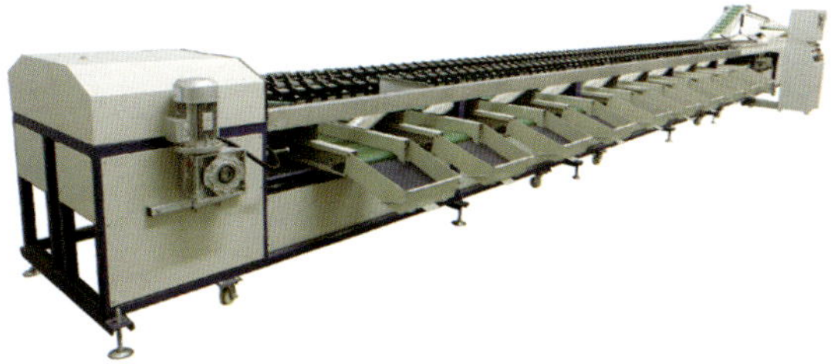

重量分选机

滚筒式水果分级机

通过，被镶嵌在这些圆孔中随滚筒一起旋转，最后在挺果滚的作用下，从该滚筒中滚出，经过过渡滚组件，进入下一级圆孔稍大的滚筒，这样一直进行下去，达到分级的目的。

3. 水果清洗机

水果清洗机是指清除水果表皮上粘有的污物、农药及混入的各种杂质。目前常见的水果清洗机包括滚筒式清洗机、螺旋式清洗机、带式清洗机以及组合式清洗机。

带叶水果清洗机的主要功能是完成带叶果品多重柔性清洗、常温脱水，主要适用于带叶柑橘、砂糖橘、南丰橘、脐橙等带叶水果的清洗。清洗机的主要工作原理是：来自提升机的带叶水果按序进入清洗机的清洗刷辊，通过预淋液清洗、清洁剂清洗、自来水冲洗等清洗工艺，完成清洗过程。然后在脱水刷辊及强力风刀（风帘）的作用下，除掉水果表面部分的清洗残留水分，完成脱水过程。其主要特点是不伤果、不掉叶，工作效率高，操作简单方便。

水果清洗机 1

水果清洗机 2

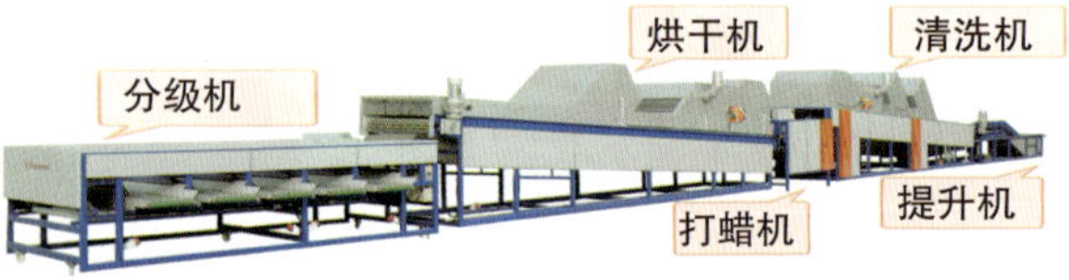

水果打蜡机

4. 水果打蜡机

水果打蜡机是指在水果表面形成透明薄膜，达到保鲜目的。以炬农牌 GJDLX 系列打蜡机为例，该机的工作原理是：利用机械的办法代替人工对水果进行无损清洗、低温干燥、涂蜡匀蜡、低温干蜡、分级等工序处理，清洗掉水果表面的有害杂物（灰尘、残叶、残余农药等），同时使水果表面形成一层美丽光亮的透明薄膜，具有保持水果果质稳定、防止腐烂及细菌的生长等功能。

5. 蔬菜清洗机

目前的蔬菜清洗机主要有振动喷淋式蔬菜清洗机、回转滚筒式蔬菜清洗机、水气浴叶菜清洗机、以超声波和气泡为动力的蔬菜清洗机等。

蔬菜清洗机 1

蔬菜清洗机 2

三、茶叶加工机械

茶叶加工机械是指对茶叶进行摊晾、清洗、杀青或揉捻、烘焙、提香、分级、包装、保鲜等加工的机械。机械加工的茶叶品质好、档次高、色泽翠绿、汤色清亮、价格增值空间大。

滚筒杀青机

1. 茶叶杀青机

茶叶杀青机通常利用传导、辐射、对流和微波等传递热量方式，迅速提高茶叶的温度，钝化茶叶酶活性，制止鲜叶中茶多酚类化合物的酶促氧化，获得绿茶应有的色、香、味，同时，在加热过程中散发青草气，蒸发部分水分，增加叶片的柔韧性，叶片便于揉捻成条和做形。

锅式杀青机主要为炒锅类型，常见的为龙井茶炒锅、径山茶斜锅等，主要用于杀青和二次杀青，适合鲜叶量较少的农户使用。

滚筒杀青机更加方便快捷，日处理鲜叶量较高，适合小规模茶叶加工厂使用，具有杀青质量好、价格低廉、操作方便的特点，在各类大宗绿茶和名优绿茶加工中广泛应用，是目前生产中使用的主体类型。

滚筒杀青机大致由上叶输送装置、筒体及排湿装置、传动机构、炉灶等部分组成，以实用新型——热进风式滚筒杀青机为例，结构图如下图所示：

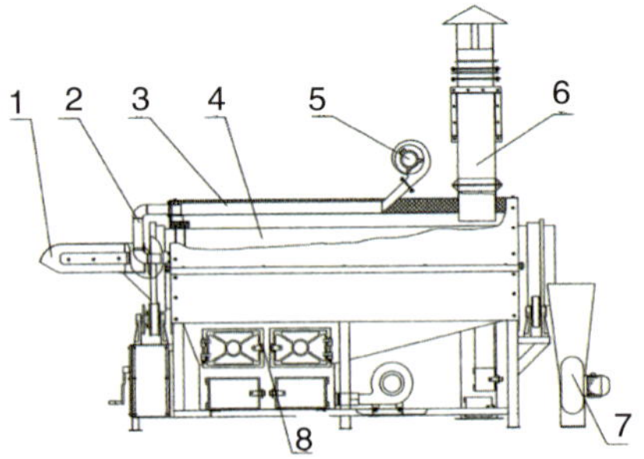

1. 进科斗　2. 出风管　3. 热风包　4. 滚筒　5. 进风管
6. 风机　7. 强制吹风冷却装置　8. 加热装置

热进风式滚筒茶叶杀青机结构示意图

蒸汽杀青机是一种应用常压 100℃蒸汽杀青原理的杀青机，可以避免传统绿茶制法所产生的烟焦味，而且在很大程度上可消除夏秋茶的苦涩，但含水量较高，不利于后续的揉捻。

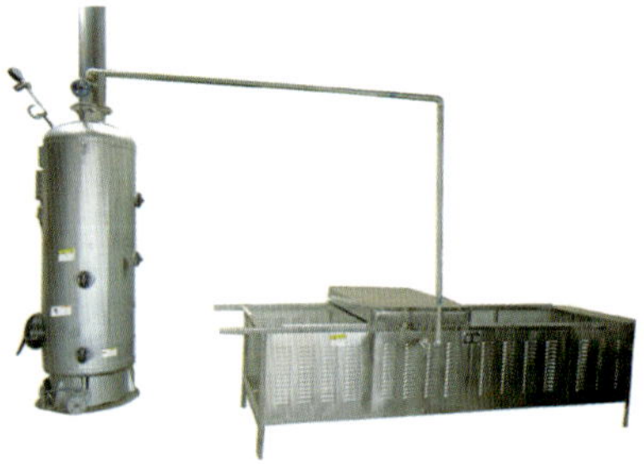

蒸汽杀青机

微波杀青机

微波杀青机是采用微波辐射茶叶，使茶叶内部的极性分子由于受微波周期的变化，进行周期性活动，从而内部分子产生高速碰撞达到升温钝化多酚氧化酶活性的作用。

2. 茶叶揉捻机

揉捻机是用来完成茶叶初制加工中揉捻作业的机械。揉捻作业有两个目的：一是卷紧条索，利于干燥成形；二是适度地“破坏”叶组织，挤出部分茶汁，

茶叶揉捻机

使干茶既容易冲泡，又具有一定的耐泡性，提高饮用价值。

揉捻机包括 2 个基本部件：揉桶和揉盘。依两者运动方式不同，揉捻机可分为双动式和单动式。依加压方式不同，可分为龙门（双柱）丝杆式、单柱丝杆式和杠杆配重式等。

双动式有 3 根曲轴，上部偏心距约为下部的 1 倍，通过曲轴将揉桶、揉盘与机架相联。工作时揉桶与揉盘交替转动。而单动式工作时仅揉桶运转，揉盘不动。

常见的6CR系列揉捻机由揉桶、揉盘、加压装置、减速机构和电动机等组成。茶叶揉捻时依靠揉桶在揉盘上作水平回转运动，桶内的茶叶由于受到桶盖的压力、揉盘的反作用力、棱骨的阻力以及揉桶侧压力的综合作用，茶团一边翻滚一边揉搓，使茶叶卷曲成条，同时适度破坏叶片组织、损伤叶细胞，挤出部分茶汁，达到揉捻的目的。

揉捻机揉盘

茶叶揉捻机

3. 茶叶炒（烘）干机

茶叶炒（烘）干机是茶叶干燥设备。烘干机是利用对流加热方式蒸发去除茶叶中水分、固定茶叶外形的设备。炒干机除了要有烘干机的能力外，还需要有“做形”的能力，必须在蒸发水分的同时，具有紧结平滑的外形。

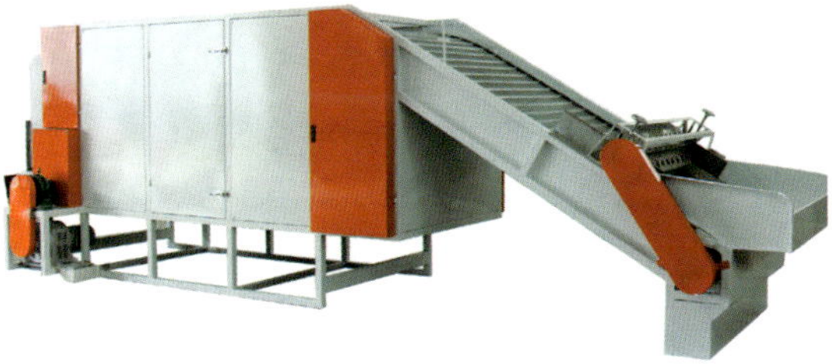

茶叶烘干机

烘干机分为盘式烘干机、手拉百叶式烘干机、自动烘干机等。

盘式烘干机由热源、引风机、烘盘、烘箱等机构组成，热源有电热式和煤柴两用金属式热风炉供热风两种方式。

手拉百叶式烘干机由烘箱、风机和热风炉等机构组成。烘箱内有 5 层百叶烘板，百叶烘板用薄钢板冲孔制成，烘箱通过风管与引风机和金属式热风炉链接。

自动烘干机由上叶输送装置、烘箱、传动机构、风机和热风炉组成。优点是能够自动连续作业、操作方便，但机器结构复杂、造价较高。

炒干机分为滚筒式炒干机和锅式炒干机。

滚筒式炒干机的炒茶部件是一个旋转的圆筒形滚筒，架设在加热炉上直接加热，用于茶叶炒干作业，所制茶叶条形圆紧，色泽翠绿，汤色清亮，香气高。

锅式炒茶机通常由两个并列的夹层炒锅构成，通过管道向夹层内送入蒸汽加热，锅内设有炒叶器翻炒茶叶。

茶叶炒干机

4. 茶叶筛选机

茶叶筛选是茶叶精制工序之一。按照筛选类别不同，可分为风选机、拣梗机、筛分机、色选机等。

风选机主要是使茶叶根据轻重不同而分别开来。整机分主机和辅机两个部分，主机由风选箱、风机等组成。风选箱与风机之间用导风管装置连成一体，使风选箱风道与风机沟通。

拣梗机

茶叶风选机

拣梗机是珠茶、眉茶等大宗茶类精制过程中的重要设备，机器型号较多，根据茶梗分离的原理不同，主要有 3 类拣梗机，即阶梯式拣梗机、静电拣梗机和光电拣梗机。

筛分机主要有圆筛机和抖筛机，平面圆筛机是茶叶精制的重要机具之一，在制茶业中被广泛使用。它使长短、大小不同的茶叶，依次在几层筛上分成数档。

筛分机

色选机

色选机是利用茶叶中茶梗、黄片与正品的颜色差异，使用高清晰的 CCD 光学传感器对茶叶进行精选的高科技光电机械设备。目前，该设备在乌龙茶的精制加工中应用较广。

5. 茶叶理条机

茶叶理条机用于名优茶的杀青、理条、成形等作业，采用手动调速装置，具有升温迅速、杀青叶匀透一致、色泽翠绿、香气清新等特点。

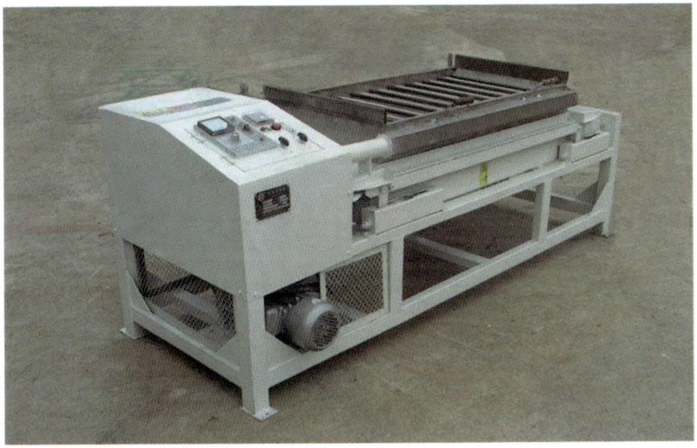

理条机 1

理条机 2

6. 茶叶输送机

茶叶输送机上料均匀，上料量的调整范围大，可以和多种型号的设备配套使用，安装范围大，调整方便，噪声低、不伤料。

茶叶输送机 1

茶叶输送机 2

7. 茶叶摊晾机

茶叶摊晾机适用茶叶杀青后快速冷却，经此工序后的陈茶具有汤色清凉、色泽绿、茶香味正等特点。

茶叶摊晾机

8. 红茶萎调机

茶叶萎调机由机架、供热系统、风机组成，特点是在供热系统中有一热风管沿轴向设置在滚筒体的内腔，在热风管周壁上设有出风孔，在所述滚筒体的内腔周壁上设有倾斜错位分布的螺旋输送片和若干块沿轴向水平分布的翻茶平板，本鼓风温度在常温至

红茶萎调机

100℃，可快速脱去茶青表面水分，使萎调做青不受天气环境影响，生产的毛茶品质好，质量稳定，且比传统方法节约大量机械、人力、物力和能源。

9. 智能红茶发酵机

智能红茶发酵机通过自动化精准控制温度、湿度、增氧、时间等，提供最适宜和稳定的环境条件来完成发酵。避免了发酵过度或发酵不足的问题，使嫩叶色泽红匀，从而使茶叶发酵摆脱了依赖传统工艺的时代，使茶叶的品质稳定、统一。该机适用于家庭、茶园和茶场使用。

智能红茶发酵机

四、剥壳（去皮）机械

剥壳、去皮是带壳、皮的坚果、油料、谷物、水果在进行加工之前的一道重要工序。常用的剥壳、去皮方法有撵搓法、撞击法、剪切法及挤压法。实际上，任何剥壳机往往是一种剥壳方法为主的几种剥壳方法的综合应用的机械。

1. 玉米剥皮机

我国从 20 世纪 60 年代开始研制玉米剥皮装置。目前主要有两大类型：一类是在玉米联合收获机上加装玉米剥皮装置；另一类是单独的玉米剥皮机。

从配套动力上看，单独的玉米剥皮机，有 0.7 ~ 2.2 kW 单相电机、3 kW 三相电机和 8.8 kW 小四轮拖拉机；配有剥皮装置的玉米联合收割机有 4YZ-4 等机型。

单独的玉米剥皮机

玉米收获机配套剥皮机

2. 干坚果脱壳机

脱壳是干坚果进行深加工过程中的一个关键工序，由于干坚果种类繁多、壳坚硬不规则，因此脱壳取仁难度较大。

目前开发出的绝大部分设备是采用机械方式脱壳。常见的脱壳方法包括撞击法脱壳、撵搓法脱壳、剪切法脱壳、挤压法脱壳、搓撕法脱壳等。也有一些物理脱壳方法，包括微波法、高压膨胀法、能量法、高真空法、激光法、超声波法、燃烧法、化学腐蚀法、复合型法等。

瓜子脱壳机

板栗脱蓬机

板栗脱蓬机国内普遍采用旋转揉搓原理，在主脱蓬轴正常运转下，当有不同大小的板栗蓬进入机器，将在主脱蓬轴的带动下在不同位置被搓开，再通过振动原理，将板栗与板栗蓬分离。

花生脱壳机是将花生荚果去掉外壳的作业机械。花生本身的生理特点决定了花生脱壳通常不与花生田间收获一起联合作业，而是在花生荚果的含水率降到一定程度后再用专门的脱壳设备作业。

花生脱壳机的脱壳方式主要分为非机械式脱壳和机械式脱壳。非机械式花生脱壳主要分为气爆式、真空式、激光式以及超声波式；机械式花生脱壳基本可分为打击揉搓为主的钢旋转打板－凹筛式和以挤压揉搓为主的带有橡胶的磨盘式。目前市场上以打击揉搓为主的机械式花生脱壳设备为主。

目前莲子脱壳分为干莲子脱壳和鲜莲子脱壳。干莲子脱壳主要有撕搓法、挤压法等。

滚切式就是在莲子处于滚动的状态下，用刀片进行环切，一种为利用弹簧压力和搓辊摩擦作用滚切，另一种为靠主动轮、切割滑道的挤压和调节弹簧压力作用下滚切；挤压式脱壳法就是用挤压的方式使莲子的外壳与仁分离。

花生脱壳机 2

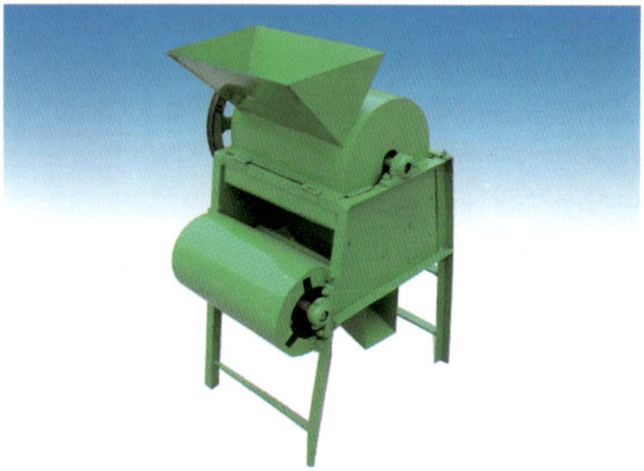

花生脱壳机 1

莲子脱壳机

8 第八部分

畜牧、水产养殖机械

The eighth part: Animal husbandry and aquaculture machinery

一、畜牧机械

1. 饲料（草）加工机械

（1）青饲料切碎机和铡草机

青饲切碎机和铡草机，用于长茎秆（叶）的切碎，其中青饲料切碎机主要用于青贮饲料的制备，铡草机多用于干草的切碎。铡草机主要用于铡切农作物秸秆和牧草等，因其切碎大多是粗饲料，适合牛、羊等牲畜养殖户使用。一般来说，铡草机分为电机和柴油机拖挂两种，在使用过程中，日常维护和故障排查都需要养殖户们注意。

青饲料切碎机

秸秆调质机

饲料揉丝机

铡草机

（2）秸秆调质机械

秸秆调质方法主要有氨化、碱化、微生物处理等，也会对饲料进行物理粉碎、压块等工艺处理。对节粮型畜牧业起到重要作用。

（3）饲料揉丝机

饲料揉丝机是将作物秸秆、牧草，特别是牲畜难以直接食用的诸如柠条、草木樨及其他灌木型牧草加以揉碎的畜牧机械。经过加工，牧草柔软可口，提高了利用率，也可代替铡草机用于青贮饲料的加工。

（4）饲料粉碎机

饲料粉碎机主要用于粉碎各种饲料和各种粗饲料，饲料粉碎的目的是增加饲料表面积和调整粒度，增加表面积提高了适口性，且在消化道内易与消化液接触，有利于提高消化率，更好地吸收饲料营养成分。

（5）饲料混合机械

饲料混合机械是利用机械力和重力等，将两种或两种以上物料均匀混合起来的机械设备。在混合的过程中，还可以增加物料接触表面积，以促进化学反应；还能够加速物理变化。饲料混合机械主要用于各种粉料的混合，包括预混合及最终产品的混合等。根据操作方式、结构形式分成不同的类型，如连续式、间歇式；立式、卧式；单轴式，双轴式等。

（6）颗粒饲料压制机械

颗粒饲料是以配制好的粉状饲料为原料，利用其中的蛋白质和糖分的热塑性，经加湿、加压制成颗粒。主要包括：压粒机、冷却器、碎粒机、振动筛。

饲料粉碎机

饲料混合机

饲料膨化机

饲料加工机组

颗粒饲料压制机

（7）饲料膨化机

饲料膨化机是膨化机的一种，主要用于食品膨化、畜禽饲料或用于膨化单一原料，也可作为植物油脂及饮用酒生产中原料的预处理。饲料膨化是通过对饲料进行高温、高压处理，使淀粉糊化、蛋白质组织化，从而得到组织疏松、易于消化吸收的饲料产品。饲料膨化按其调质机理不同，分为干法膨化和湿法膨化2种。干、湿法膨化机，适用于大、中、小型饲养场、饲料厂及食品厂选用。

（8）饲料加工成套设备

饲料加工成套设备又称饲料加工机组，是一种将配合饲料加工机械，按一定工艺组合在一起所构成的设备总成。它一般包括粉碎、计量配料、混合、制粒、包装及运输设备。

2. 饲养机械

（1）孵化机

孵化机是指人工模拟卵生动物母性进行温湿度翻蛋等条件经过一定时间将受精蛋发育成生命的机器，孵化机主要用于鸡、鸭、鹅等种蛋进行孵化，通过对温度及孵化时间的设定可用于不同种类种蛋的孵化。仪器采用智能化的控制方式，具有自动恒温、自动翻蛋、自动加湿功能。

大型孵化机

（2）喂料机

鸡场自动喂料机由动力系统、行走系统、提升系统等结构组成。鸡场自动喂料机采用低压电瓶为电源，直流电机为动力，配合独特的变速机构，科学实现动力转换，达到一极输入多极输出，合理利用能源。提升部分采用螺旋提升，设计简单，实用，易维修，并且工作效率高，喂料多少可调，能同时饲喂 3~4 层，适用于粉料或颗粒料的饲喂。

喂料机

（3）清粪机

自动清粪机是主要针对笼养蛋鸡、种鸡的一种自动清粪设备。广泛用于笼养和网上平养的家禽、家畜粪便清出，也可用于工厂车间生产线物料收集。可实现无人化管理，自动定时清粪，时间任意设置；临时清粪，操作简单快捷，自动、手动任意转换；1 台主机可运行 1~4 个刮粪板，最长刮粪行程 140 m，钢绳和丙纶绳牵引方式任选。

清粪机组

（4）粪污处理设备

①微生物异位发酵床翻抛机，主要用于养猪场的粪污处理；发酵床翻抛机使有机废弃物快速腐熟、去水、灭菌、除臭，达到无害化、资源化和减量化处理的目的，能源消

耗低，利用有限的地面面积使有机废弃物无害化处理规模化。②粪污固、液分离机，渣液分离速度快，出渣量及含水量可调整，可适用不同成分的饲料。其固粒物很适合作为鱼饲料和有机肥的原料等。经过处理的粪尿水含固率、化学耗氧量、总耗氧量、氮、磷的去除率可在 85%~97%。

粪污固、液分离机

二、水产机械

1. 增氧设备

增氧设备是设施水产养殖的必备设备。其种类很多，主要有微孔曝气增氧、叶轮增氧机、水车式增氧机、充气式增氧机、射流式增氧机、喷水式增氧机等。增氧设备主要用途是增加水中的溶氧量，通过搅拌水体，促进水体上下循环，达到增氧曝气和改善水质的作用。叶轮式是增氧机械中研究开发最早、进行过多层次系统开发研究包括计算机优化设计的品种，普遍应用于养鱼业。水车式增氧机是 20 世纪 70 年代后期通过补偿贸易养鳗从日本和中国台湾地区引入的，从维修入手，到逐步仿制生产。其增氧能力和动力效率稍低于

微生物异位发酵床翻抛机

叶轮式，但能产生定向水流、而广泛应用于养鳗、养虾业，产销量第二，约占总量的 20%。喷水式增氧机虽然增氧能力和动力效率较低，但其结构较简单，又有美化环境的作用而得到一定的推广应用。螺旋桨吸入式结构简单，动力效率介于喷水式和水车式之间，其产生的定向流有自上而下，再自下而上的特点，有利于池水交换。

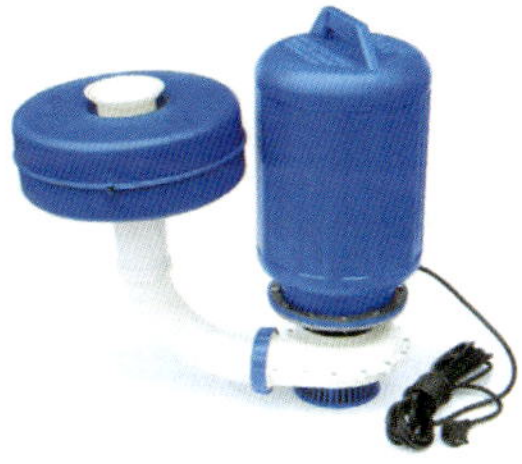

喷水式增氧机

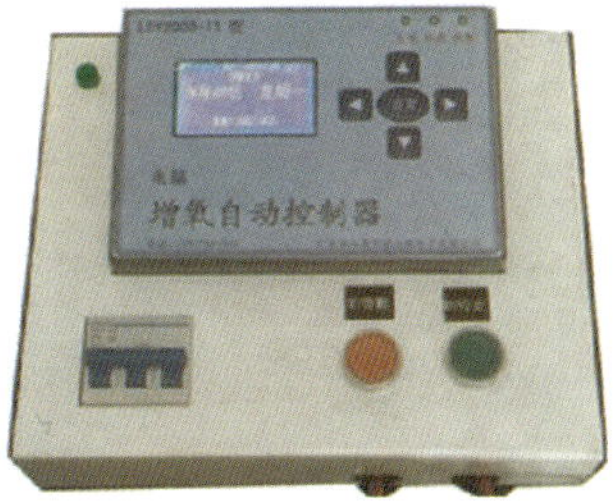

电脑增氧自动控制器

2. 投饲设备

投饲机以投料形式命名的有离心式投饲机、风送式投饲机和下落式投饲机；以供料方式命名的投饲机有振动式投饲机、翻板式投饲机、螺旋式投饲机等。投饲机可以定时、定次、定量、定点、均匀自动投饲，具有省工省时，减少饲料浪费，保护水环境等特点。

3. 水体净化设备

在设施水产养殖中，水质净化主要采用生物滤池、活性滤池和水质净化机械，如生物转盘、活性炭水过滤装置、耕水机和臭氧消毒增氧机等。水质净化设备可净化和处理 水中的有机物、氨态氮等有害物质。

4. 水质检测仪器

为了保护水环境，必须加强对污水排放的监测，饮用水水质下降，对人类健康危害极大，水质检测仪在环境保护、水质的检测和水资源保护中起到了重要的作用。水质检测仪器主要有溶氧测定仪、pH 仪、水温计，奥克丹多参数水质检测仪用于检测池塘水质状况是否符合渔业水质标准。

5. 水温调控设备

水温调控设备包括锅炉系统、电加热器、太阳能加热器、热泵、热交换器、水温自控系统等。主要作用是调控鱼塘的水温，促进鱼类在最佳水温中快速生长。

调温设备

6. 清淤机

清淤机械主要有两大类，一类是干塘作业的水力挖塘机组，是清淤机械的主力军；另一类是带水作业的水下清淤机（船）。各种型式的泥浆泵则是各类清淤机械的主体。

水力挖塘机组是挖塘、清淤土方工程的机械。具有结构简单，装拆、布局灵活方便，输距远，工效高而成本低等优点。不但应用于池塘开挖、清淤，还广泛应用于水利工程等许多领域。尽管其施工时工人操作环境条件较差、劳动强度大，且需干塘、干河作业，但至今仍是我国渔业、农田、水利等行业土方工程的主要机具。

投饲机

生物滤池

pH 检测仪

清淤机

9 第九部分
农机信息化技术装备

The ninth part: Agricultural machinery information technology equipment

雷沃阿波斯自动导航驾驶系统

一、农业用北斗终端

1. 北斗导航系统在智能农机中的应用

北斗导航系统应用于农机是我国发展精准农业的现实需求。北斗卫星导航智能农机终端主要包括 3 种类型：农机智能定位终端、农机自动驾驶终端、农机作业质量监测终端。3 类终端均基于北斗导航卫星系统，通过北斗卫星导航实现位置定位等功能。

（1）农机智能定位终端

农机智能定位终端具有农机位置实时上报、农机状态自动检测等功能，可以广泛应用于国内外各类型农机。同时配合精准农业综合服务平台，可实现农机作业路径追踪、轨迹回放、作业面积测量、工作量统计及作业质量评估等功能。另外，针对农机作业超速、越界及终端断电等情况，可及时上报报警信息；针对终端故障、农机路线偏离、电瓶欠压等，可及时上报平台提示信息，实现农机智能化管理。

（2）农机自动驾驶终端

农机自动驾驶终端利用北斗导航卫星定位和自动化技术，通过高精度导航卫星终端及其他车载部件，实现农机按照预先设定的路径自动行驶。工作原理是，农机驾驶员利用车载平板电脑上的触摸屏，在电子地图中设定农机的直线运动或曲线运动模式和运动轨迹，实时指示农机实际作业路线与规划线路的偏差。通过液压阀驱动农机自动转向，实现农机的自动驾驶，支持直线、曲线自动驾驶方案。可以创新作业任务，载入已有任务，并对作业任务进行管理。可以配置北斗差分数据链路的类型、ECU 控制器参数、农具类型与悬挂方式、转向执行机构的型号等。同时支持通过移动通信网络与产品技术支持中心通信，实现系统软件在线升级及系统维护。

如农芯 AMG-1102 型农机北斗自动导航驾驶系统，就是基于高精度北斗卫星定位技术、先进导航和转向控制算法，可以实现厘米级的耕整、起垄、播种、

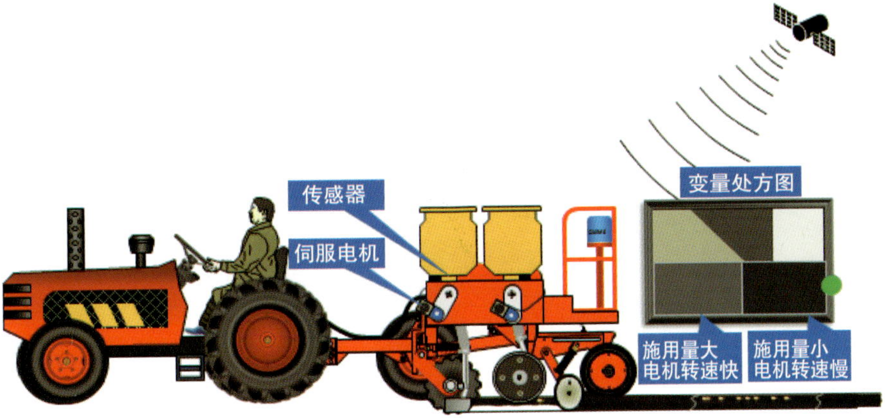

精量播种施肥控制

中耕、喷洒、收获等田间高精度作业的农机自动驾驶终端。

该系统能最大限度地减少农机作业垄间的重叠和遗漏，显著提高作业质量，增加有效耕地面积，有效提高作物生长过程中的光、热和水分的利用率，减少弱势植株的比例，降低收获损失率。此外，利用该系统还能显著地减轻驾驶员的劳动强度，使新手也能完成高质量的作业，可视化显示，让夜间作业成为可能。

（3）农机作业质量监测终端

农机作业质量监测终端采用北斗导航卫星和物联网等技术，实现农机播种、施肥、植保、深松作业的实时位置定位；同时对播种作业过程中的排种器堵塞、不下种、下种不连续等播种异常现象进行监测，实际播种株距的监测，实现对播种总量、播种面积的统计；对深松作业深度、深松作业面积实时准确监测。同时具备深度未达标、播种异常、施肥面积统计异常等报警功能。

2. 农田信息采集与测土配方施肥技术装备

测土配方施肥技术是指通过对土壤进行测试，及

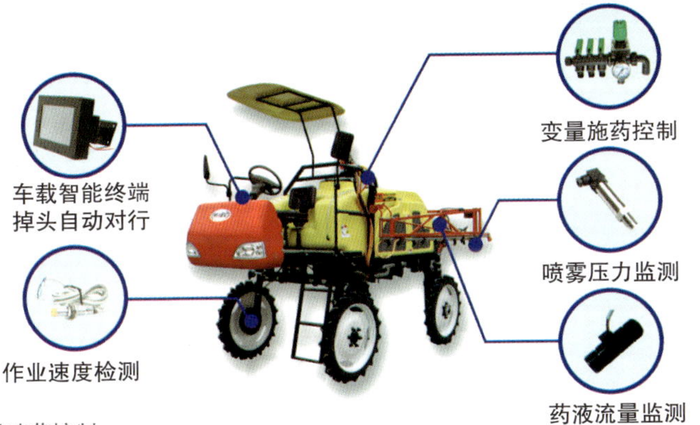

精量喷药控制

湖北省北斗农机信息化智能管理系统

时掌握土壤的肥力状况，并按照不同农作物的需肥特征和农业生产的需要进行肥料用量和配比，以促进农作物对肥料的吸收，提高肥料的利用效率，促进农作物的增产，是一种科学、有效的施肥方法。

采用北斗用户终端定位进行土壤采样，记录采样位置，在实验室进行土壤测试，测试结果通过 GIS 绘制土壤养分空间分布图（包括 pH、氮、磷、钾、有机质等成分的分布情况），结合作物对肥料的需求特征，决定肥料的最佳施用量，在 GIS 中绘制变量施肥处方图。施肥作业时，根据施肥处方图控制不同位置的施肥量。

采用类似方法，北斗导航系统还可用于病虫害防治和土壤污染情况监测、大田水分和温度监测、产量监测等农田信息采集。

3. 北斗卫星终端在农机行业的应用

在推广方面，2015 年农用北斗终端开始应用于农机，2016 年发展迅猛，北京、湖北、江苏等省、直辖市均享受到了其带来的便捷。如江苏省扬州市 1 000 余台农机安装北斗系统车载终端；湖北省投入 3 450 万元建立了湖北省农机信息化智能管理系统，对 1.2 万台拖拉机、联合收割机等机具安装北斗终端。

在补贴方面，2016 年有一些省份尝试将其纳入农机补贴目录，2017 年纳入省份增加，如陕西、湖北、内蒙古、山东、新疆等省、自治区已经公布或公示。从各地公布的补贴标准看，按照导航精度、是否带自动驾驶系统等不同配置，其补贴额从 350~30 000 元不等。

北斗无人驾驶、高精度定位导航、系统监管等一系列新兴技术，让传统的农业生产充满了科技现代化的魅力，节省了更多的人力、物力与财力。如深松机安装北斗终端并下田作业；收割机装上摄像头和北斗系统，利用卫星定位收割；一些地区安装北斗导航中枢基站，为装有北斗系统的机车提供服务等。

4. 精细农业遥感技术及测产系统

遥感技术（remote sensing，简称 RS）是精细农业田间信息获取的关键技术，为精细农业提供农田小区内作物生长环境、生长状况信息的技术要求。

RS 技术是未来精细农业生物技术体系中获得田间数据的重要来源，它可以提供大量的田间时空变化信息。近年来，RS 技术在大面积作物产量预测、农情宏观预报等方面做出了重要贡献。遥感技术领域积累起来的农田和作物多光谱图像信息处理及成像技术、传感技术和作物生产管理需求密切相关。RS 获得的时间序列图像，可显示出由于农田土壤和作物特性的空间反射光谱变异性，提供农田作物生长的时空变异性的信息，在一季节中不同时间采集的图像，可用于确定作物长势和条件的变化。由于采用卫星遥感比航空摄影的成本低一半以上，卫星遥感技术在“精准农业”技术体系中将扮演越来越重要的角色。

精准农业智能测产系统，可以利用装在收割机上的导航定位系统，锁定每一平方米地块，通过谷物产量传感器、湿度传感器等，准确地记录每块地的作物产量，并在显示屏上显示。当一块地收割完毕，可以进行产量统计分析、绘制产量分布图等。

农机深松作业监测系统

二、人工智能在农机领域应用前景

1. 人工智能

人工智能（artificial intelligence，简称 AI），是研究、开发用于模拟、延伸和扩展人的智能的理论、方法、技术及应用系统的一门新的技术科学，它是计算机科学的一个分支，试图了解智能的实质，并生产出一种新的、能以人类智能相似的方式做出反应的智能机器，其研究内容包括机器、语言识别、图像识别、自然语言处理和专家系统等。

农业上应用人工智能技术主要是专家系统，可应用于农业的各个领域，如作物栽培、植物保护、配方施肥、农业机器人、农业经济效益分析和市场销售管理等。

目前农机行业的很多企业也开始了人工智能领域的探索。比如中国首个农业全产业链人工智能工程“农业大脑”于 2017 年 10 月启动，中国一拖集团有限公司作为农机行业龙头，率先建立了数据化、共享化、

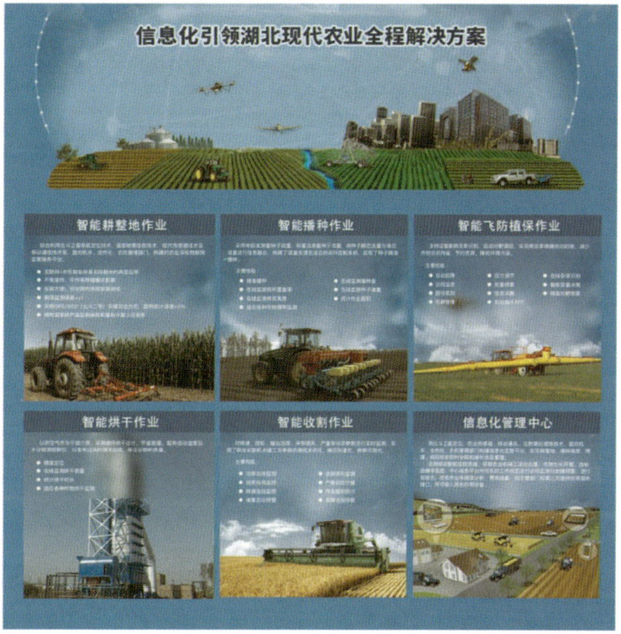

中国农业机械化科学研究院智能农机作业信息平台

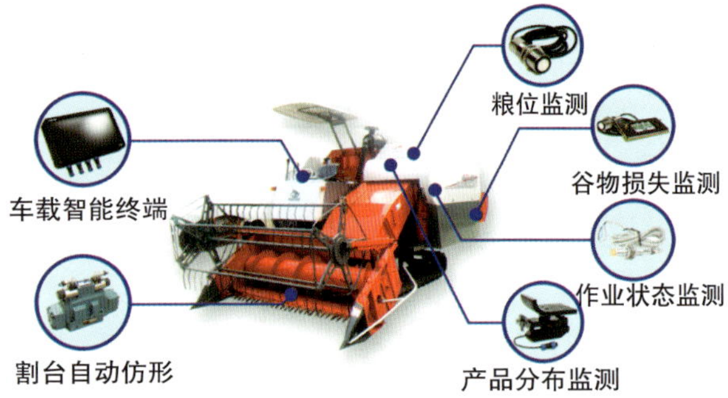

收获作业监测系统

智能农机机群控制

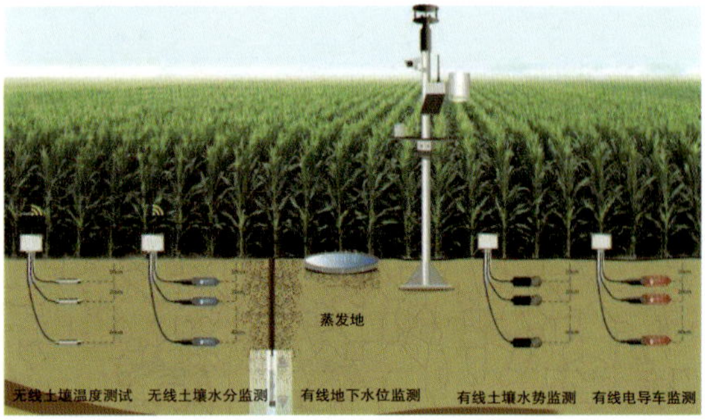

农田信息监测系统

农业采摘机器人

智能化的“农业大脑”平台。据悉，“农业大脑”平台是基于农业全产业链传感矩阵的人工智能咨询、决策体系，将为农业全产业链提供数据支撑。工程完成后，将成为中国应用最广并能够调配农业生产的人工智能服务平台。

2. 区块链

区块链技术产生于 2008 年，在 2016 年成为一种热门的、时尚的信息科技。它可以理解为一种公共记账的机制（技术方案），它并不是一款具体的产品，其基本思想是通过建立一组互联网上的“公共账本”，由网络中所有的用户共同在账本上“记账”与“核账”，来保证信息的真实性和不可篡改性 。

区块链是一种“去中心化信任网络”，能够整合并自动化人机交互和机机交互，还可以推动物联网环境下的通信支付网络。区块链也是一种协调机制，通过信用、证据和补偿奖励追逐模式来鼓励任何不需要信任的各方参与协作，进而推动机器智能时代的来临。

区块链技术在农业领域的应用主要包括 6 大方面：物联网 + 区块链，大数据 + 区块链，质量安全追溯 + 区块链，农村金融 + 区块链，农业保险 + 区块链，以及供应链 + 区块链。

附：TOP50 及汉诺威部分获奖产品

拖拉机：

东方红 LF2204 型轮式拖拉机
中国一拖集团有限公司
2017 年 TOP50 年度拖拉机
阿波斯 5000 系列 1304 拖拉机
雷沃重工股份有限公司
2016 年 TOP50 年度拖拉机
约翰迪尔 8R 系列拖拉机
约翰迪尔（中国）投资有限公司
2015 年 TOP50 综合金奖
麦赛福格森 MF 3204MF 型大功率拖拉机
爱科（中国）投资有限公司
2017 年 TOP50 技术创新金奖
阿波斯 P5000 系列 1404 型自动驾驶动力换挡拖拉机
雷沃重工股份有限公司雷沃阿波斯潍坊农业装备分公司
2017 年 TOP50 应用贡献金奖
CLAAS AXION 900 半履带式全悬挂拖拉机
德国克拉斯公司
2017 汉诺威农机展创新奖
芬特 e100 Vario 电动拖拉机
美国爱科集团
2017 汉诺威农机展创新奖
东风 DF454-16 型拖拉机
常州东风农机集团有限公司
2017 年 TOP50 市场领先金奖

耕整地机械：

开元刀神 1GKN-200A1 型中高箱旋耕机
河北双天机械制造有限公司
2017 年 TOP50 市场领先奖
马斯奇奥 MTR-18 型气吸式精量播种机
马斯奇奥（青岛）农机制造有限公司
2017 年 TOP50 市场领先奖
五丰 1SGL-200 型自走式粉垄深耕深松机
广西五丰机械有限公司
2017 年 TOP50 技术创新奖
威马 WMX620 型旋耕机
威马农机股份有限公司
2017 年 TOP50 市场领先奖
圣和 1GQNJGK-250 型旋耕机
河北圣和农业机械有限公司
2017 年 TOP50 应用贡献奖

种植机械：

农有王 2BYM-4 型全量秸秆地玉米免耕洁区播种机
河南农有王农业装备科技股份有限公司
2017 年 TOP50 技术创新奖
洋马 PF2R 型蔬菜移栽机
洋马农机（中国）有限公司
2017 年 TOP50 应用贡献金奖
马斯奇奥 MTR-18 型气吸式精量播种机
马斯奇奥（青岛）农机制造有限公司
2017 年 TOP50 市场领先奖
美迪 9QZ-2900B 型自走式青饲料收获机
石家庄美迪机械有限公司
2017 年 TOP50 市场领先奖
久富 2ZG-6D（G6）增产型插秧机
苏州久富农业机械有限公司
2017 年 TOP50 技术创新奖
特瑞森免耕直播种肥一体播种机
奥地博田农业科技（青岛）有限公司
2017 年 TOP50 技术创新奖

田间管理机械：

久保田 CS-6C 除草剂施药器
久保田农业机械（苏州）有限公司
2016 年 TOP50 应用贡献金奖
东风井关水田植保机

东风井关农业机械有限公司
2017 年 TOP50 市场领先奖
现代农装 3WZG-750 型自走式喷杆喷雾机
现代农装科技股份有限公司
2017 年 TOP50 应用贡献奖

收获机械：

科乐收（CLAAS）LEXION 系列联合收割机
科乐收农业机械贸易（北京）有限责任公司
2017 年 TOP50 年度收获机
久保田 4LZ-4（PRO988Q）型全喂入式联合收割机
久保田农业机械（苏州）有限公司
2016 年 TOP50 年度收获机
锐龙 4LZ-5.0E 型履带式收割机
江苏沃得农业机械有限公司
2017 年 TOP50 市场领先金奖
久保田 4LZ-3（PRO758Q）型全喂入履带式联合收割机
久保田农业机械（苏州）有限公司
2017 年 TOP50 技术创新金奖
大启 4YZP-2 型自走式玉米联合收获机
山东大启机械有限公司
2017 年 TOP50 市场领先奖
Ventor4150 型马铃薯收割机
德国格立莫公司
2017 汉诺威农机展创新奖
IDEAL 联合收割机
美国爱科集团
2017 汉诺威农机展创新奖
勇猛 4YZ-4ABC 型玉米收割机
勇猛机械股份有限公司
2017 年 TOP50 市场领先金奖
麦赛福格森“全收系列”MF T5 联合收割机
爱科（中国）投资有限公司
2016 年 TOP50 技术创新金奖

收获后处理机械：

中联重科 DC150 低温循环式烘干机
中联重机股份有限公司
2017 年 TOP50 市场领先金奖
中联重科 DC300（5HXG-30C）型批式循环干燥机
中联重科重机公司
2016 年 TOP50 市场领先金奖
辰宇科技 5HCY-15H 型混流式谷物干燥机
安徽辰宇机械科技有限公司
2016 年 TOP50 市场领先奖
中农福安 5HNX 系列烘干机
河南中农福安农业装备有限公司
2017 年 TOP50 市场领先奖

畜牧机械：

约翰迪尔收割打捆一体机
约翰迪尔（中国）投资有限公司
2016 年 TOP50 技术创新金奖
纽荷兰 BR6090 型圆捆打捆机
凯斯纽荷兰（中国）管理有限公司
2016 年 TOP50 应用贡献金奖
纽荷兰 RB125 型圆捆打捆机
凯斯纽荷兰（中国）管理有限公司
2017 年 TOP50 技术创新奖
华德 9YFSZ-2.2 型直连方草捆捡拾压捆机
中国农业机械化科学研究院呼和浩特分院有限公司
2017 年 TOP50 技术创新奖
麦赛福格森 MF1840 型小方捆打捆机
爱科（中国）投资有限公司
2017 年 TOP50 应用贡献奖

农机信息化技术装备：

农芯 AMG-1102 型农机北斗自动导航驾驶系统
农芯科技（北京）有限责任公司
2017 年 TOP50 技术创新奖